# 科学文明的曙光

徐克明 徐扬科 刘树勇 编著

广西出版传媒集团 | 广西科学技术出版社

**图书在版编目（CIP）数据**

科学文明的曙光 / 徐克明，徐扬科，刘树勇编著. —南宁：广西科学技术出版社，2012.6（2020.6重印）
（世界科学史漫话丛书）
ISBN 978-7-80619-621-2

Ⅰ.①科… Ⅱ.①徐…②徐…③刘… Ⅲ.①自然科学史—世界—少年读物 Ⅳ.①N091-49

中国版本图书馆CIP数据核字（2012）第138010号

世界科学史漫话丛书
**科学文明的曙光**
KEXUE WENMING DE SHUGUANG
徐克明 徐扬科 刘树勇 编著

| | | | |
|---|---|---|---|
| **责任编辑** 何杏华 | | **封面设计** 叁壹明道 | |
| **责任校对** 杨红斌 | | **责任印制** 韦文印 | |

**出 版 人** 卢培钊
**出版发行** 广西科学技术出版社
（南宁市东葛路66号 邮政编码530023）
**印　　刷** 永清县晔盛亚胶印有限公司
（永清县工业区大良村西部 邮政编码065600）
**开　　本** 700mm×950mm 1/16
**印　　张** 15
**字　　数** 194千字
**版次印次** 2020年6月第1版第4次
**书　　号** ISBN 978-7-80619-621-2
**定　　价** 29.80元

# 青少年阅读文库

## 《世界科学史漫话丛书》

# 致二十一世纪的主人

## （代　序）

钱三强

21世纪，对我们中华民族的前途命运，是个关键的历史时期。21世纪的少年儿童，他们肩负着特殊的历史使命。为此，我们现在的成年人都应多为他们着想，为把他们造就成21世纪的优秀人才多尽一份心，多出一份力。人才成长，除了主观因素外，在客观上也需要各种物质的和精神的条件，其中，能否源源不断地为他们提供优质图书，对于少年儿童，在某种意义上说，是一个关键性条件。经验告诉人们，一本好书往往可以造就一个人，而一本坏书则可以毁掉一个人。我几乎天天盼着出版界利用社会主义的出版阵地，为我们21世纪的主人多出好书。广西科学技术出版社在这方面做出了令人欣喜的贡献。他们特邀我国科普创作界的一批著名科普作家，编辑出版了大型系列化自然科学普及读物——《青少年阅读文库》以下简称《文库》。《文库》分"科学知识"、"科技发展史"和"科学文艺"三大类，约计100种。《文库》除反映基础学科的知识外，还深人浅出地全面介绍当今世界的科学技术成就，充分体现了20世

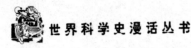

纪 90 年代科技发展的水平。现在科普读物已有不少，而《文库》这批读物的特有魁力，主要表现在观点新、题材新、角度新和手法新，内容丰富、覆盖面广、插图精美、形式活泼、语言流畅、通俗易懂，富于科学性、可读性、趣味性。因此，说《文库》是开启科技知识宝库的钥匙，缔造 21 世纪人才的摇篮，并不夸张。《文库》将成为中国少年朋友增长知识，发展智慧，促进成才的亲密朋友。

亲爱的少年朋友们，当你们走上工作岗位的时候，呈现在你们面前的将是一个繁花似锦的、具有高度文明的时代，也是科学技术高度发达的崭新时代。现代科学技术发展速度之快、规模之大、对人类社会的生产和生活产生影响之深，都是过去无法比拟的。我们的少年朋友，要想胜任驾驭时代航船，就必须从现在起努力学习科学，增长知识，扩大眼界，认识社会和自然发展的客观规律，为建设有中国特色的社会主义而艰苦奋斗。

我真诚地相信，在这方面，《文库》将会对你们提供十分有益的帮助，同时我衷心地希望，你们一定为当好 21 世纪的主人，知难而进，锲而不舍，从书本、从实践吸取现代科学知识的营养，使自己的视野更开阔，思想更活跃，思路更敏捷，更加聪明能干，将来成长为杰出的人才和科学巨匠，为中华民族的科学技术实现划时代的崛起，为中国迈人世界科技先进强国之林而奋斗。

亲爱的少年朋友，祝愿你们奔向未来的航程充满闪光的成功之标。

# 主编的话

  《世界科学史漫话》丛书（共 10 册），是《青少年阅读文库》的一个重要组成部分，是我们怀着美好的祝愿和真切的期望献给广大青少年朋友的一份礼物。

  当前的时代，是科学技术飞速发展、新科技革命蓬勃兴起的时代。作为未来社会的建设者和主人，应该为着社会的进步和人类的幸福，把自己培养成掌握丰富科学文化知识的创造型人才。

  "才以学为本"，"学而为智者，不学而为愚者"。要用人类创造的优秀科学文化成果把自己武装起来。科学史知识是这种创造型人才优化的知识结构中不可或缺的一个组分。任何科学知识的发现和技术成果的发明，都有一个酝酿、产生和发展的过程，这其中不但渗透着科学家们追求真理、献身科学、顽强拼搏、百折不挠、尊重事实、严谨治学的科学精神，而且包含着他们勇于探索、敢于创新、善于创造性地运用类比、模型、猜测、推理和想像等找到突破口的正确思路和科学方法。科学史就是通过这些生动具体、有血有肉的科学探索的史实，告诉人们科学是如何产生、如何发展的，那些名垂青史的科学大师们是如何成长、如何成功的。使读者从中受到感人至深、催人奋进的科学精神的激励，并从科学家们的成功与失败、经验与教训中学习科学方法，培养科学思维，领悟到一点

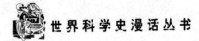

科学创造的"天机"，获得超出课堂知识学习的有益启示。英国哲学家 F.培根说："学史使人明智。"我国近代思想家梁启超也说，学史可以"益人神智"。

所以，对于有志于献身科学技术事业的青少年来说，应该知道毕达哥拉斯、亚里士多德、欧几里得、阿基米德；应该知道墨翟、扁鹊、张衡、李时珍；应该知道牛顿、道尔顿、达尔文、爱因斯坦、居里夫人；应该知道钱三强、丁肇中、李政道、杨振宁，应该知道相对论的提出，核裂变的发现，遗传密码的破译，大爆炸宇宙模型的创立；还应该知道近代以来几次科技革命的兴起和巨大社会意义。

在人类五千年的科技发展中，科学的发现和技术的发明比比皆是、不胜枚举，科学史的园地里真是五彩缤纷、气象万千，我们不可能对这个历史过程作全景式的描述。这套丛书就像一个科学史"导游图"，只是从各个历史时期的科技发展中，选择一些有代表性的典型事件，作为一个个"景点"，引导读者沿着历史的足迹，领略一下用人类智慧构筑成的科学园地奇伟瑰丽的景观。

愿这套丛书能够帮助青少年朋友增长知识，发展智慧，"站在巨人的肩上"迅速成才！

编者

# 目　　录

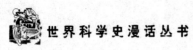

# 开 篇

大约在 300 万年前，欧亚和非洲两大陆的一种古猿，通过劳动而开始进化成人类。起初人们使用打制而成的粗糙石器（不是专家，很难看出它们是工具），以采集植物和捉鱼打猎为生，住在天然山洞里，或者筑巢住在树上，生活十分艰辛。这就是所谓的旧石器时代，大约持续了近 299 万年。

人类的历史是双手和大脑的颂歌。人能够手脑并用，不断地总结实践经验，上升为科学知识。人掌握了科学知识如虎添翼，不仅改造世界的本领越来越高强，而且自身的体质也越来越增强。

旧石器时代，人类取得的最重要的两大技术发明，就是大约 10 万年前能够人工取火和大约 3 万年前发明弓箭（用的箭头是石质或骨质的）。这两大发明大大提高了人们采集和渔猎的本领，因而生活改善了，人口也增加了。

然而采集和渔猎是对大自然的无情掠夺。自然界里可供食用的生物资源并不是取之不尽、用之不竭的。采集和渔猎不断强化下去，人口不断增加下去，人类就会面临日益严重的食物匮乏的问题，灭亡的命运在等待着他们。

为了摆脱这种困境，先民们大约在距今 12000 年之时，石破天惊地发明和从事了农业（种植业）和畜牧业。可供食用的动植物资源数量缺乏、质量不佳，就自己来养殖和种植，并且不断地增加产量和选育优良品种。

为了从事农牧业生产，先民们创造和使用打制后再经过磨制而成的较精细的石器，其中有的模样儿已与后来相应的金属工具差不多。于是人类进入了所谓的新石器时代。

新石器时代的主要标志，除了发明农牧业之外，就是发明了用粘土制坯烧成陶器。制陶业不仅满足了人对锅碗瓢盆的需求，而且产生了冶金和玻璃制造行业。

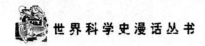
在公元前 4000 年上下，世界上四大最古老的文明中心，都在制陶技术的基础上，发明了用矿石炼铜的技术。这样就使人类开始进入铜石并用时代，这时使用的铜器主要是红铜铸造的。红铜是直接从铜矿石冶炼出来的铜，虽然它含有不少的杂质，但是这些杂质并不是为了改善性能而故意作为合金成分加入的。红铜比较柔软，不适于制造坚韧锐利的工具，而且容易锈蚀损坏。

公元前 3000 年上下，北纬 30°南北的北非、西亚、南亚和东亚都开始生产青铜，步入青铜时代。青铜一般是铜锡合金（也有的是铜锡铅合金或铜砷合金），按照不同的配比，可以用来制作乐器、炊具、工具、兵器以及反射镜（平面镜、凸镜、凹镜）等，青铜又比红铜难以锈蚀。

使用青铜大大提高了生产力。于是，尼罗河、幼发拉底河和底格里斯河、印度河和恒河、长江和黄河诸流域，都开始出现奴隶制国家。古埃及、古巴比伦、古印度和古中国，最早告别了野蛮时代，成为世界文明的排头兵。

公元前 30 世纪～前 8 世纪，也就成为世界科学的黎明时期和人类科学华章的第一页，其中充满着传奇式的有趣故事——

# 北非篇

　　您在地下造了一条尼罗河，您按照自己的意愿把它给了人民，来养育人民……

——古埃及《阿吞（太阳神）颂诗》

　　北非文明主要是古埃及人创造的。当然周边国家的古老居民也做出了重要贡献。埃及地跨亚、非两洲，首都开罗。她的大部分领土在非洲东北部，今天只有苏伊士运河以东的一小块——西奈半岛位于亚洲的西南部，又隔地中海与欧洲相望。她地处亚、非、欧三洲要冲，地势险要。

　　根据犹太教和基督教圣经中的《旧约·创世纪》记载的神话传说，一场特大洪水把人类消灭殆尽，只有挪亚一家带着各种留种用的生物乘方舟幸存下来。挪亚的长子名叫"闪"，他的后代就是分布在西亚的塞姆人；次子名叫"含"，他的后代就是分布在北非的哈姆人。塞姆人和哈姆人合称"闪含人"，他们讲的话属于闪含语系。在欧罗巴人种中，讲的话属于印欧语系的最多；其次就是属于闪含语系的了。古埃及人是以当地土著哈姆人为基础，逐渐融合进不少来自西亚的塞姆人而形成的。

　　早在旧石器时代，古埃及人就生活在尼罗河下游。大约在公元前3000年或稍晚，古埃及人建立起统一的奴隶制国家，从而进入文明时代。古埃及一共经历31个王朝的统治，其间先后遭到喜克索斯人、利比亚人、努比亚人、亚述人的入侵。公元前525年古埃及人被波斯征服后，真正意义上的古埃及文化结束。公元前332年，埃及又被马其顿的亚历山大大帝征服，结束了近3000年的法老时代（法老是古埃及对国王的称呼）。公元前304年埃及又开始受马其顿希腊人托勒密王朝的统治，这个王朝的末代君主就是著名的女王克娄巴特拉七世。公元前30年，埃及并入罗马版图。公元前4世纪～前7世纪埃及并入拜占庭帝国，成为主要的基督教国家。公元前639年阿拉伯人入侵后，埃及演变成阿拉伯国家，多数居民改信伊斯兰教。1517年埃及成为奥斯曼帝国的一个行省，受奥斯曼土耳其人统治；1882 年埃及被英国占领；1914 年沦为英国的保护国；1922 年才获得独立。

古埃及新王国第 20 王朝法老赛托斯一世（就是赛蒂一世），亲率大军在叙利亚与赫梯人展开血战（底比斯神庙雕刻）。

古埃及是世界文明的发源地之一，曾经创造了异常灿烂的文明，对全人类做出过无与伦比的杰出贡献。古埃及的金字塔和法罗斯灯塔，分别被誉为古代世界第一和第七大奇观。在文字、历法、艺术、科学知识等许多方面，古埃及对亚洲和欧洲都有过重要影响。

古埃及是全人类文明的摇篮之一。

# 世界先农与俄西里斯的传说

　　一般说来农业产生于新石器时代，但是早在旧石器时代晚期，就有一些心灵手巧、出类拔萃的部族知道种地。上埃及就有若干这样的部族。埃及地处尼罗河下游，这条河的谷地一带叫"上埃及"，三角洲一带叫"下埃及"。1982年，一个由美国、波兰和埃及联合组成的跨国考古调查团，通过田野考古调查而确定，在上埃及阿斯旺下游20来千米的瓦迪库巴尼亚干涸的山涧中，有6处距今18300年～17000年的旧石器时代晚期的遗址，出土小麦和裸麦的炭化物以及石磨盘和石镰。这是世界上最早的农耕文化之一。同时还出土先民食后丢弃的很多鱼类和羚羊的遗骸化石。看来瓦迪库巴尼亚先民是以渔猎兼种地为生的。在我国，把世界上最早的种地人叫"先农"，并且在北京先农坛里作为神道来供奉。古埃及的瓦迪库巴尼亚人，可以当之无愧地被称为"世界先农"之一了。

　　不过，叫人纳闷的是，上埃及的农耕文化到了公元前10000年左右突然莫名其妙地消失无踪了。显然瓦迪库巴尼亚人遭受到异族的毁灭性打击。公元前5000年，农耕才在下埃及的法尤姆一带重新出现了，然而那不是土生土长的，而是由西亚引进的。

　　正如古华夏人一样，古埃及人崇拜农业之神。古埃及的农神叫"俄西里斯"。他又是植物和尼罗河之神，因为农业种的是植物，农作物依靠尼罗河水灌溉。据说俄西里斯是远古时代埃及的一位仁慈的法老，他教人民农耕和手工业技艺，劝告人们抛弃野蛮的习俗，过文明的生活。后

古埃及的神：

左——俄西里斯；

中——俄西里斯的妻子伊西斯，王位的化身；

右——俄西里斯和伊西斯的儿子荷罗斯，旭日之神。

来他又出国传播文明，不想回国后被他邪恶的兄弟塞特杀害，尸体被切成碎块抛入尼罗河。俄西里斯的妻子伊西斯王后悲痛欲绝，她把丈夫的碎尸打捞上来，凑到一起。在神的帮助下，俄西里斯得以复活，夺回了王位。伊西斯的儿子荷罗斯杀了塞特，为父亲报了仇。

当时，埃及的农牧业算是相当发达的。古埃及人种植着小麦、大麦、粟、稻、蔬菜、水果、亚麻、棉花等，养殖着牛、羊、马、驴等牲畜。早在古王国时期，已经广泛使用牛拉的木犁耕地，用铜镰刀收割。富裕的奴隶主们拥有大量的谷物和牲畜。

有一首古埃及留下来的《搬谷歌》，吟唱着奴隶们为主人搬谷的艰辛：

难道我们应该整天

搬运大麦和小麦吗？

仓库已经装得满满，

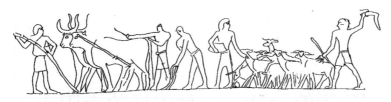

**古埃及人的播种。一人赶牛，一人扶犁开沟；一人撒种，另一人驱赶羊群将种子踩入土中。（约公元前 2700 年的古埃及壁画）**

　　一把把谷子流出了边缘；

　　大船上也已装得满满；

　　谷子也滚到外面；

　　但还是逼着搬运，

　　好像我们的心是用青铜铸成。


　　古王国第 4 王朝时期，一位名叫"哈佛拉安"的财主的墓志铭上说他有很多牲畜：835 头有角的大牲畜、220 头无角大牲畜、760 头驴、2235 头山羊、9174 头绵羊。

# 公历的前身：一种古怪的太阳历

沙漠占去埃及国土面积的 90％以上。农业主要依靠从南到北宽度 3 千米～16 千米的狭长的尼罗河谷地和三角洲。在埃及，就连地中海沿岸，年平均降水量也只有 50 毫米～200 毫米；其他地区的年平均降水量，甚至不足 30 毫米，也就是全年基本上不下雨。在这里，靠天吃饭、依赖雨水种地根本不可能。著名的古希腊历史学家希罗多德（约公元前 484 年～前 425 年）说得好："埃及是尼罗河的礼品。"没有尼罗河，就没有埃及的农业，也就没有埃及的一切。

尼罗河不仅给埃及提供丁乳汁般可贵的水，而且还是一座无比庞大的免费化肥厂。尼罗河是世界上最长的河流之一，全长 6670 千米，最后在埃及境内奔流 1200 千米注入地中海。一年一度的洪水泛滥在埃及留下从上游带来的厚厚的淤泥，等于给两岸农田扎扎实实地上了一次肥料。再加上温暖的气候和充足的阳光，使得埃及成为古代驰名的粮仓。难怪她成为世界文明的曙光最早照临的国家之一了。

正是由于尼罗河洪水泛滥对农业生产至关重要，因此古埃及人别出心裁地创造出一种古怪的太阳历，来预报尼罗河水的涨落。有人认为，这种历法早在公元前 4241 年就开始使用。虽然或许没有那么早，但是肯定相当早。这种古怪的历法把尼罗河开始泛滥的时间定为一年的开始。在下埃及，这一天正好是太阳和天狼星同时出现在地平线上的日子。定出 365 天为一年；一年分为 3 个季，就是"泛滥季"、"作物生长季"和

"收割季";每季 4 个月,每月 30 天;一年又分为 36 旬,每旬 10 天;年终加 5 天为节日。

**今天使用的公历是古埃及太阳历的后代**

古罗马统治者儒略·恺撒(约公元前 100 年～前 144 年),采纳了天文学家索西琴尼的建议,在古埃及阳历的基础上制定新历,名叫"儒略历",于公元前 46 年颁行。到公元前 8 年,他的侄子奥古斯都加以调整。后来的罗马教皇格雷果里十三世又加以修订,新历于 1582 年颁行,称为"格雷果里历"。它已经成为今天世界上大多数国家采用的公历。我们每天看到日历,是否会想起古埃及人对它的重大贡献呢?

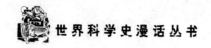

# 几何学的开山祖

　　数学是人们在生产和交易中，为了要测算长度、面积、体积、容量、重量和时间而产生和发展起来的。古埃及人对算术、代数和几何都已经有一定的研究，其中以几何为最。

　　在算术领域，古埃及人发明了十进制，而没有表示零的符号。他们发明了加、减、除的运算，却不知道乘法，只会一连串地相加。

　　例如在中王国时期（公元前 2040 年～前 1786 年），古埃及数字有

$$| = 1$$
$$踵骨 \cap = 10$$
$$圈套\ g = 100$$
$$荷花\ ℰ = 1000$$

其他数目由这些基本数字组合而成，例如

$$532 = ggggg \cap \cap \cap |\ |$$
$$47 = \cap \cap \cap \cap |\ |\ |\ |\ |\ |\ |$$

　　在公元前 1650 年的古埃及《阿默士纸莎草书》中，有 57 ＋ 24 ＝ 81，写成

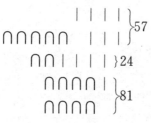

古埃及人的分数体系，在我们看来是很古怪的。那里只有$\frac{1}{3}$、$\frac{1}{5}$、$\frac{1}{27}$、$\frac{1}{101}$等这样的分子为1的分数。它们的写法就更古怪。例如，$\frac{1}{4}$记作，$\frac{1}{10}$记作。分子大于1的分数都得化成一系列分子为1的分数之和。唯一的例外是那里有$\frac{2}{3}$。

在《阿默士纸莎草书》中，还有代数问题。例如，问题24：如果一堆东西和它的$\frac{1}{7}$之和是19，那么这一堆东西有多少件？很明显，用我们的写法是$x+\frac{1}{7}x=19$，求出$x$就是答案。但是古埃及人用的是后来称为“虚位律”的方法求解的。具体解法是：针对这道题的情况应当先将$x$猜测为7，那么$x+\frac{1}{7}x$就是8，不等于题中的19。于是我们用$\frac{19}{8}$乘7作为x的猜测值，试算结果是对的。

古埃及人要不时地重新丈量被洪水淹没过而疆界变得模糊不清的农田和对巨大的建筑物进行造型设计。这样就产生和发展了几何学。他们在几何上的成就，恐怕比在算术和代数上的都要大，以致他们被誉为几何学之祖。他们已经能够计算等腰三角形、八边形、梯形乃至圆的面积。他们算出圆周率是3.16。

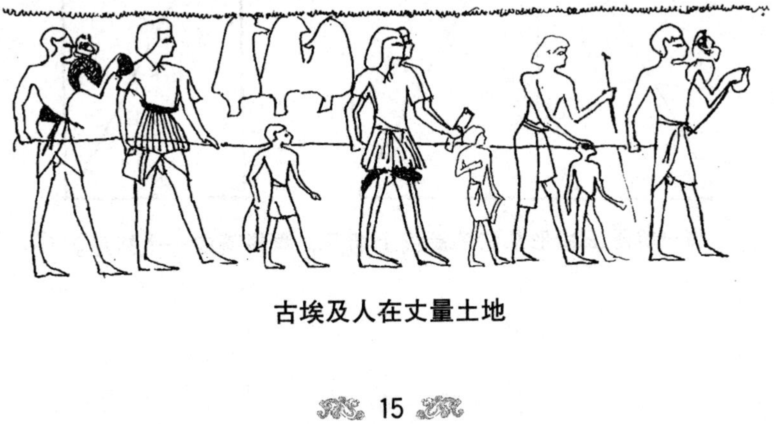

古埃及人在丈量土地

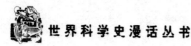

例如，《阿默士纸莎草书》中的问题 48 是：有一个每边长为 9 的正方形，将每边三等分，连结分点得一个八边形，试求它的面积。具体解法是：先求出这个正方形的面积为 $9^2=81$；再从这面积减去角上 4 个三角形的面积 $4\times\frac{1}{2}\times3\times3=18$；因此，八边形面积为 $81-18=63$。

书中问题 51 是计算一个等腰三角形的面积。具体解法是：将这个等腰三角形在它的高线上切开，一分为二，成为 2 个直角三角形；再将这 2 个直角三角形的斜边重合，并成一个矩形，它的高等于原三角形的高，底等于原三角形的底的一半。这个矩形的面积容易算得。由于它等于原三角形的面积，因此原三角形的面积等于底乘高的一半。

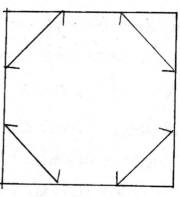

将一正方形每边三等分，连结分点而为一八边形。

在《莫斯科数学纸莎草书》中，还保存有古埃及人求截头角锥体和半球体积的难题答案。前者显然与金字塔有关，金字塔是石化了的几何图形。

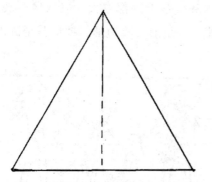
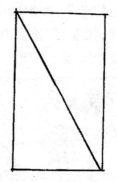

将一等腰三角形从它的高线上切开，再拼凑成一个矩形。

# 农工商的命脉

我国历来有"水利是农业的命脉"的看法。埃及的情况更是如此，在那里，没有农田水利设施也就没有农业。谁控制了尼罗河水，谁就控制了全埃及。

在古埃及，水利曾经促进了数学和天文学的发展，水利本身的发展无疑更加受人关注。

下埃及有个地方叫法尤姆，本来是一片沼泽地。中王国时期第 12 王朝法老阿美涅姆里特三世（公元前 19 世纪～前 18 世纪），曾经在那里进行大规模的农田水利建设，排干了积水，修建了美里多沃（摩里斯）湖水库，开渠、修堤、建闸，与尼罗河沟通，使这里的土地在发生洪涝的时候容易排水，干旱的时候能够引尼罗河水灌溉，从而使 2500 公顷沼泽地变成良田。

灌溉工具也得到改进。在新王国时期（约公元前 1580 年～前 1085年），普遍采用"沙杜夫"（Shadoof）浇灌园圃。沙杜夫在我国叫桔槔，是从井里汲水的杠杆式工具。

水运是工商业的命脉。古埃及与地中海沿岸诸国的贸易日益兴旺发达。出口商品主要是小麦、麻布、优质陶器，进口商品主要是金、银、象牙和木材。古王国第 4 王朝第一位法老斯内弗鲁（约公元前 2613 年～前 2589 年在位），建造了长 50 米的大船，发展尼罗河航运。第 5、6 王朝间的官吏涅海布的墓志铭中说，他奉法老之命，在上下埃及都开凿过

埃及河谷使用的"沙杜夫"——桔槔

运河。

　　后王国第 26 王朝法老尼科二世，曾经建造了大型船舰，约公元前 600 年派遣腓尼基水手完成人类史上首次环绕非洲的航行；又在尼罗河与红海间开凿运河，这项工程直到波斯统治埃及的时候才最后完成。

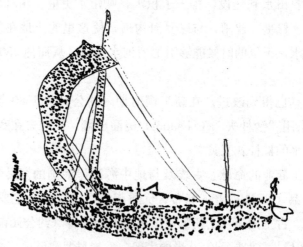

古埃及的帆船

马其顿希腊人统治埃及时期（公元前332年～前30年），曾经由克尼多斯人索斯特拉设计，于公元前283年，在亚历山大里亚城对面的法罗斯岛上，建造了一座宏伟的灯塔，高146米（相当于36层大楼那样高）。它由三层组成：底层是正方形的塔基；中层是八角形的塔身；顶层是圆柱形灯火楼，装有反射镜。据说，夜间它能照耀方圆40千米，为地中海上远来的船舶指引航向。它被后世称为古代世界第七奇观，这座灯塔到1326年倒塌。

# 金字塔：古代世界七大奇观之首

提起埃及，人们就会不由自主地联想到那巍峨壮观的金字塔。

金字塔一词，在古埃及原意是"高"，而在英文里有角锥体的意思。真正的金字塔的确是一个高大的角锥体，它们的基座呈正方形，四面是 4 个两两相接的全等的等腰三角形。因为它的造型近似汉字"金"字，所以中文译为"金字塔"。

世界上，金字塔并不是埃及独有。苏丹、埃塞俄比亚、西亚各国、希腊、塞浦路斯、意大利、印度、泰国、墨西哥、南美各国和一些太平洋岛屿，都曾经建造有金字塔。不过以埃及的金字塔最为有名罢了。各个国家和地区的金字塔造型有所区别，功能也不尽相同。古埃及的金字塔是巨型的墓葬建筑，被列为古代世界七大奇观之首。

埃及的金字塔并非一开始就是建成四角锥形的。古王国第 3 王朝的第 2 位法老左塞（乔塞尔），聘请伊姆霍泰普当建筑师，在开罗以南 32 千米的萨卡拉，建成第一座金字塔，是 6 层逐层缩小的矩形平台，它的 4 个斜面呈梯形，称为"阶梯式金字塔"。第 4 王朝的第 1 位法老斯奈弗鲁，在开罗以南 90 千米的美杜姆建成一座有 8 层台阶的阶梯式砖石金字塔。后来将每一层台阶用石头填成斜面，才呈现方角锥形外廓。再后来才有一开始就按方角锥体设计的金字塔。

埃及现存金字塔 80 多座，仅在尼罗河下游西岸、开罗西南大约 10 千米的吉萨城南郊，就集中了 70 多座。其中以古王国第 4 王朝第 2 位法老胡夫（古希腊名"切奥普斯"，约公元前 2589 年～前 2566 年在位）建造的金字塔规模最大，高 146.5 米（现在已比初建的时候下沉 9 米），底面每边长 230 米，由 230 万块、每块平均重 2.5 吨的巨石砌成。塔内有阶梯、走廊、墓室，装饰着绘画和雕刻艺术品。据说在建造过程中经常有 10 万人在现场劳动，历时 30 年才大功告成。从开罗驱车通过尼罗河上的大桥，20 分钟就可以抵达吉萨南郊，一睹诸大金字塔的风貌。

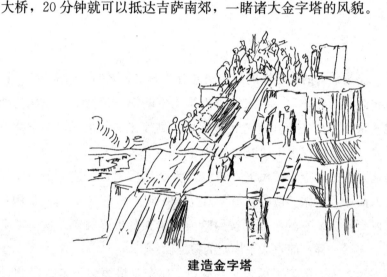

**建造金字塔**

建造胡夫大金字塔所用的巨石，大部分采自吉萨附近的石灰石场，细腻的贴面石采自上游东岸不远的图拉皇家采石场；而大金字塔内部墓室所用的花岗石，却采自往南 800 多千米的阿斯旺。可想而知，开采、运送和加工、砌筑这些巨石，该是多么艰苦而细致的劳动呀！据研究，古埃及民工们在采石的时候，将采石场上石矿钻洞，插进木棍，不断地给木棍上水，使它受泡发胀而将石块胀裂，容易采石。接着，将采下的石料放在橇和滚轴上拖运到工地。古埃及人付出沉重的代价，出色地建成了壮丽的大金字塔之林。有人说，埃及的金字塔是外星人所造，这是完全没有根据的。

# 斯芬克司之谜

　　建造古埃及最大的金字塔的胡夫法老有个养子，名叫"哈夫拉"（古希腊将他叫做"切夫伦"），后来继位为第 4 王朝第 3 位法老。他在位期间学着他父亲，下令在吉萨建造大金字塔，高度 138.5 米，它是吉萨三大金字塔之一，高度仅次于胡夫大金字塔。

　　更为显眼的是，哈夫拉法老在自己的大金字塔附近，建造了一座巨大的狮身人面像，叫做"斯芬克司"。它高 20 米、长 57 米，据说是用一整块天然巨石凿成。它的头面就按照哈夫拉本人的模样雕刻。这座斯芬克司与大金字塔一样，简直成了埃及的象征。

　　在古埃及，人们雕刻了很多斯芬克司，比金字塔要多得多。19 世纪 50 年代，法国考古学家奥古斯特·马里埃特，雇了一批阿拉伯人在开罗附近的萨卡拉发掘，竟出土 141 个斯芬克司。不过，所有的斯芬克司也没有哈夫拉的大。斯芬克司与金字塔一样，既是艺术品，又是科学技术产物。哈夫拉的斯芬克司的鬃毛已经衰坏，眼睛和鼻子都成了窟窿。据说是 18 世纪埃及统治者穆拉德所率领的马穆禄克苏丹的军队的炮兵，曾经拿它当作大炮打靶的靶子。

　　斯芬克司的崇尚，传到古希腊就变了样。在古希腊神话中，斯芬克司是一名女怪。她守候在希腊底比斯城郊大路旁，强迫过往的每一位行人猜一个谜语，凡猜不着的人都被她处死。谜语是这样的："有一种东西，早晨四条腿，午间两条腿，晚上三条腿。腿最多的时候也是它最弱

**吉萨南郊古王国第 4 王朝第 2 位法老胡夫建造的金字塔和
第 3 位法老哈夫拉建造的斯芬克司**

的时候。"许多人因猜不中谜底而送了命。一位名叫"俄狄浦斯"的聪明漂亮的青年男子来到这里，轻松地猜中了谜底：人。"早晨四条腿"是指人在婴儿期用四肢爬行；"午间两条腿"指人在成年期用两条腿走路；"晚上三条腿"指人到老年期柱着手杖走路。谜语被猜中后，斯芬克司害怕倒过来被俄狄浦斯处死，自己跳崖身亡。

在古埃及用来宣扬法老威严勇猛的斯芬克司，传到了古希腊，竟变成一则有趣的益智谜语中的角色。

# 百门之城底比斯和卡呼恩迷宫

据古希腊历史学家希罗多德记载，到后王国第 26 王朝，埃及较大的居民点达到 20000 个。在她的二千几百年的古代史中，埃及涌现出一批建筑壮丽的名城。她们的代表是底比斯城，又称为"努特·阿蒙"，位于上埃及。她是中王国（约公元前 2040 年～前 1786 年）和新王国（约公元前 1580 年～前 1085 年）时期的埃及首都，长期以来成为全国的政治、经济和文化中心。这座名城跨越尼罗河两岸，规模宏大，有"100 座城门的底比斯"的美称。公元前 1000 年前后底比斯衰落下去。

底比斯建造有阿蒙·赖神的神庙等巨大的建筑群，十分宏伟，浮雕和壁画特别精美。她始建于中王国时期，历代法老不断加以扩建，到希腊人统治时期（公元前 332 年～前 30 年）才建成。主要位于今尼罗河东岸的卡纳克村，并往南延伸到今卢克索村。在卡纳克的主殿面积有 5000平方米，由排成 16 列的 134 根巨大的圆柱支撑。中间最高的 12 根圆柱高度都有 21.34 米，圆周 10.67 米；在每根圆柱的开花状柱顶上，可以站立 100 人。柱身雕刻满象形文字和各种浮雕画面，气势恢宏，技艺精湛，堪称世界建筑史上的杰作。卡纳克神庙是古埃及最大的神庙。

新王国第 18、19 王朝又建造了卢克索神庙。它的最宏伟的部分也是大柱廊，共有 14 根柱子，柱头呈开花的纸莎草形状，每根高度 15.85米。大柱廊的墙上有精美的浮雕，反映底比斯的宗教祭典。

卡纳克和卢克索的神庙大约在公元前 88 年被毁，沦为废墟。游人凭

**底比斯城的阿蒙神庙遗址**

吊遗迹，尚可依稀想象它们当年的盛况。

　　中王国第12王朝法老阿美涅姆赫特三世，曾经在美里多沃湖畔建造卡呼恩城，并且建造有宫殿和神庙。这座宫殿有"迷宫"之称，内部共有3000个房间。

# 木乃伊的秘密

古埃及给人们印象最深的东西，除了金字塔和斯芬克司之外，就要算木乃伊了。什么是木乃伊？就是抹防腐油膏、保持完好的干尸。制作和保存木乃伊的习俗，在古埃及十分流行。古埃及人认为，人死了，他的灵魂离开人体而独立；一旦灵魂回到肉体，人就会复活。因此，古埃及人千方百计地设法保存尸体，主要办法是把尸体做成木乃伊下葬。考古学家们已经在金字塔和其他墓葬里发现大量木乃伊，陈列在世界各国的著名博物馆中。

在极端干燥的气候条件下，尸体不经过化学防腐处理，也可能成为木乃伊。这是天然木乃伊，出现的可能性当然也少得多。人们特别感兴趣的是人工木乃伊。它是怎样做成的呢？

古希腊历史学家希罗多德说，古埃及采用三种制作木乃伊的方法，一种比一种便宜，大概适用于不同社会地位的人。而普通农民的尸体根本不抹油膏，只能听任气候的摆布了。

美国考古学家 C. W. 克里姆认为，木乃伊的制作过程大致是这样的：

先用金属钩子将尸体的脑髓从鼻孔挖出来，再用石刀剖开肚子取出内脏，或者将内脏从肛门拉出来。把这些东西存放在一种大瓶中，心脏里放进一颗雕琢着圣甲虫的宝石。男尸头发一般要剪短，女尸可以不剪掉。阴毛一概要剃光。将尸体彻底清洗干净，在盐水里浸泡一个多月，再取出来弄干。为了防腐，尸体的所有孔窍都要用石灰、沙子、树脂、锯末、亚麻球等填塞起来；有时填塞物中还有香料或洋葱。女尸的乳房都用东西衬垫

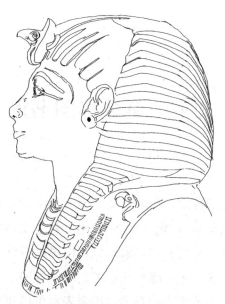

新王国第 18 王朝法老吐坦哈门的木
乃伊的头部以及头部和肩部的金面
具，嵌有各色玻璃和宝石等。他于
公元前 1350 年登基，18 岁夭折。

起来。两手交叉放在胸前或大腿上部，也可以分开放在身体两侧。再用亚
麻布和带子将尸体缠紧捆实，在布上大量浇洒沥青（"木乃伊"一词原文意
思就是"沥青"）。最后将尸体以向后靠的姿势，安放在一组雕刻成人形的
木质套棺的最里边一个中。这些套棺再放在巨型石棺里。

木乃伊是迷信的产物，但是他们是古埃及医药水平的见证。

古埃及的医生们已经有了一些专业分工，例如眼科、牙科、外科、
胃科等都有了。名医有伊姆霍泰普科。医生们知道了心脏、脉搏的意义，
能够治疗骨折。出现了头一部《药物录》。考古学家们发现了古埃及公元
前 2000 年和前 1600 年的纸莎草书各一卷，都记载着医药论文。古埃及
的解剖学知识比较丰富，这与制作木乃伊有关。

# 文字、草纸和图书馆

　　古埃及人的高度智慧，在创造文字上有突出的表现。他们大约在前王国时期（约公元前 4500 年～前 3100 年）就开始造字。与我们的古华夏文字一样，古埃及文字起初是象形的，由表示具体事物的图画符号组成，例如⊙＝日，〰〰＝水，〓〓〓＝州，等。后来增加了表意的符号，用来表示抽象概念；增加了表音的符号，用来表示可以拼成单词的一个个音节。到了古王国时期（约公元前 2686 年～前 2181 年），表音方面又有新发展，就是增加了 24 个单辅音符号。大约过了 1500 年之后，腓尼基人在古埃及 24 个单辅音符号的基础上，创造了 22 个闪语字母。这便是后来的希腊字母、拉丁字母和阿拉美亚字母的来源。古代埃及人和腓尼基人在文字上的贡献实在太大了。

　　有了文字就迫切需要书写材料。东亚的古华夏人先后用木牍、竹简、缣帛、纸张书写，西亚从苏美尔人起用泥板书写，而北非的古埃及人却看上一种水生的莎草科植物，名叫"纸莎草"（papyrus）。纸莎草茎为木质，横断面呈钝三角形，有两种：一种高 4.6 米，适于生长在缓流的深 90 厘米的水中；另有一种矮纸莎草，高度只有 60 厘米。古埃及人将纸莎草栽培在尼罗河三角洲地区，到时候收获它的茎，将髓切成条状薄片压干，再压到一起，干燥后就形成一张又薄又光滑的纸莎草纸，可以供书写之用。埃及气候干燥，便于纸莎草纸保存，可以书写文献传到后世。在其王国第 1 王朝的墓葬中，曾经出土一卷约公元前 3000 年的纸莎草纸文献。西亚、古希腊－罗马，也使用纸莎草纸。18世纪末，有人开始收藏纸莎草纸文献，这些文献成了研究古代地中海沿岸地区的重要资料来源。目前，已经发现了2500多部古希腊－罗马著作的纸莎草纸抄本。中国发明的纸张传到西方之后，西方人就以"纸莎草纸"称呼纸张。例如，英文的纸（paper）一词就明显地来自纸莎草（papyrus）。

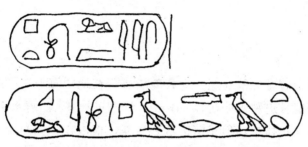

菲莱方尖碑上刻着古埃及托勒密王朝末代君主克娄巴特拉七世（Cleopatra，公元前69年～前30年）女王的拼写名字。

公元前332年，马其顿的亚历山大大帝东征入侵埃及后，在尼罗河三角洲西端建城，以自己的名字命名，就是大名鼎鼎的"亚历山大里亚城"，地址在今天的埃及亚历山大城。亚历山大大帝于公元前323年死后，他的部将托勒密一世于公元前305年建立托勒密王朝，统治全埃及和附近一带，定都亚历山大里亚。公元前308年，托勒密一世在该城西北部（王宫南）建立博物馆，它的主要部分是图书馆。据说，馆内收藏有名家手稿纸莎草纸卷50万卷（一说70万卷）。图书馆吸引了远近的知名学者。著名数学家欧几里德和著名数学家兼物理学家阿基米得等，都曾经在这里从事科学研究。

# 发明玻璃

相传有一艘腓尼基商船，满载碱块航行在地中海上，中途遇到强烈的飓风，商船被迫驶入贝勒斯（Belus）河湾里暂避。一群水手纷纷上岸，想砌起炉灶生火做饭；但是河边尽是沙滩，根本找不到石头来支锅，只得从船上搬下几块纯碱（碳酸钠）充当石头砌炉灶。次日风平浪静，水手们想把碱块搬回船上起航。想不到炉灰中出现了一些亮晶晶小块，这些小块就是人类从未见过的东西——玻璃。水手们当中有一位洞察力非凡的人，他认识到这些东西是白砂加纯碱烧成的，回家后照此办法发明了玻璃①。这是公元 1 世纪的古罗马著名学者普利尼厄斯（Pliniusi）讲述的发明玻璃的故事。他把发明玻璃的荣誉归于腓尼基人。

腓尼基原是地中海东岸的古国，约当今西亚黎巴嫩和叙利亚沿海一带。腓尼基人种族与古埃及、古巴比伦人相近。公元前 2000 年初，他们在此建立若干城邦，但是从未形成统一的国家。腓尼基人以航海、经商和贩运奴隶闻名。后来发展成地中海西部强国，以迦太基（在今突尼斯境内）为中心。

科学技术史记载，最古老的玻璃制品于公元前约 2500 年出现在美索不达米亚和埃及，那是一些串珠。在新王国第 18 王朝初年（约公元前 1580 年），古埃及已经大规模生产玻璃。在亚历山大和开罗两城之间，至

---

① 西方最常见的玻璃是"钠钙玻璃"，是以石英砂、纯碱、长石和石灰石为主要原料熔炼而成的。

腓尼基水手们在布满白砂的河滩上用碱块支锅做
饭，无意中发明了玻璃。

今尚遗留这个王朝中叶（约公元前 1465 年）的玻璃作坊遗址，可以看出
当时的玻璃制造工艺已经达到很高的水平。古埃及人能够造出紫、黑、
蓝、绿、乳白、黄等各种玻璃。工匠们显然已经知道赋予玻璃各种颜色
的赋色剂，它们是一些金属氧化物。有些赋色剂来自遥远的国外，例如
炼制深蓝色玻璃所必需的赋色剂氧化钴，是从高加索和波斯（伊朗国的
古名）一带千里迢迢运来的。埃及气候干燥，雨量极少，水分蒸发非常
强烈，各地的盐湖往往干涸，有的盛产天然纯碱，为玻璃工业准备了重
要的原料。而相当发达的古埃及手工业，为玻璃工业提供技术基础。当
时许多古埃及人从事各种手工业，例如制陶、纺织、建筑、矿冶、酿酒
（包括啤酒）以及车船和杂器制造等。玻璃熔炼是其中十分引人注意的行
业。玻璃在人们的生活、生产和科学研究中，都起着别的材料难以取代
的重要作用。近代科学的成就离开玻璃是不可想象的。

古埃及的制车作坊

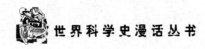

在前王国时期（约公元前 4500 年～前 3000 年），埃及是铜、石并用的。到中王国时期（约公元前 2686 年～前 2181 年），才开始熔炼铸造和使用青铜器。到新王国时期（约公元前 1580 年～前 1085 年），从赫梯国进口铁器，后来逐渐转向自己炼制，社会生产力大为提高。

关于古埃及文明，我们有七言律诗一首为评：

评古埃及文明

文明火炬举北非，
照耀尼罗乐与悲；
水利农医光史乘，
观星阳历亦丰碑；
法罗斯岛高灯远，
亚历山城玻品瑰；
无用当推金字塔，
耗尽民力国运摧。

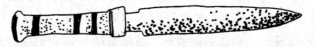

**新王国时期使用的铁刀**

北非古文明对世界的贡献十分巨大。古埃及人非常爱好和平，他们满足于安享尼罗河的慷慨赐与。法老们几乎个个妄图在死后复活升天，因此建造硕大无比的金字塔作为陵墓，让人在自己死后将尸体制成木乃伊存放塔内，等待奇迹出现。加之建造宏伟无比的神庙，耗尽了国家财力和民力。若能将这些力量转用于巩固国防，改善百姓生活，何至于一再被外敌攻破，最后国亡族灭、文明中断呢？

# 西亚篇

历史从苏美尔开始。

——美国塞缪尔·挪亚·克雷默

西亚古文明的中心在幼发拉底和底格里斯两河之间的地区，古希腊人将它称为"美索不达米亚"。今天这里是伊拉克国，首都在巴格达。大体上以巴格达所在的纬线为界，可以将它分为南北两部：北部叫做"亚述"，南部叫做"巴比伦尼亚"。巴比伦尼亚又以努法尔所在的纬线为界分为南北两部：北部叫做"阿卡德"，南部叫做"苏美尔"。

美索不达米亚的气候与埃及相似，位于干旱地带，东北部山区接近亚热带地中海式气候，其他地区为热带沙漠气候，只有利用河水灌溉才谈得上农业。正如尼罗河哺育了北非文明一样，两河哺育了西亚文明。不过两者也颇有不同：尼罗河上游有大湖调节，每年洪水流量比较稳定，而且河水泛滥为两岸带来的淤泥肥分很高；两河流量随着上游降水量而有很大的变化，容易酿成严重的洪灾，而且洪水泛滥带来的淤泥的肥分也要差些。两河流域起初并不适宜于农耕，自然条件比不上尼罗河下游优越。在这里开创早期文明，要比在北非艰苦些。

西亚的种族成分和国家分合历来要比北非复杂得多。登上西亚早期历史舞台的种族，不仅有欧罗巴人种的塞姆人和印欧人，而且大概也有蒙古人种的突厥人和汉藏人。西亚文明的开路先锋很可能就是蒙古人种的部族。今天的伊拉克，北边是土耳其，西边是叙利亚、约旦、以色列和巴勒斯坦，南边是沙特阿拉伯，东边是伊朗。这些国家的古老居民大都参与了西亚文明的创造。

远古的西亚有些部族来自东方，比如苏美尔人、埃兰人、胡里特人和原始赫梯人（哈梯人）等。他们讲的话与当地占优势的闪含和印欧两大欧罗巴人种语系根本不搭界，倒是与阿尔泰和汉藏两大蒙古人种语系可能有些瓜葛。

35

最早登上西亚文明舞台的是苏美尔人。他们在公元前 4000 年从东方来到巴比伦尼亚南部定居下来，后来这个地区就叫苏美尔。到 3000 年左右，苏美尔人建立起一系列的奴隶制城邦，奠定了西亚文明的基础。这时候西亚已开始从铜、石并用时代向青铜时代过渡。公元前 2371 年，苏美尔北边的塞姆族的阿卡德人建立王国；公元前 2347 年，阿卡德征服了苏美尔，统一了两河流域。在征伐中阿卡德人很残暴。

公元前 2191 年，东北山区来的库提人攻灭阿卡德王国。公元前 2150 年，原苏美尔城邦乌鲁克兴兵赶走库提人。公元前 2113 年，另一个原苏美尔城邦乌尔建立了第 3 王朝，统一了巴比伦尼亚。公元前 2006 年，乌尔第 3 王朝在阿摩利人和埃兰人夹击下灭亡，两河流域陷于分裂。

阿摩利人也属于塞姆族，于公元前 1894 年创建了古巴比伦王国，定都巴比伦城，逐渐统一了两河流域。王位传到第 6 代，就是名王汉穆拉比（公元前 1792～前 1750 年在位）。他很有作为，国家有重大发展。古巴比伦先后由不同种族建立过 4 个王朝。公元前 689 年，第 4 王朝被亚述人攻灭，古巴比伦时代结束，亚述帝国兴起。

亚述人也属于塞姆族。他们对外征战十分残酷，对内统治十分暴虐。公元前 626 年，也属于塞姆族的迦勒底人攻占巴比伦城，建立了新巴比伦王国；公元前 612 年，加勒底人与属于印欧族的米提亚结盟，联军攻陷亚述首都尼尼微，灭亡了显赫一时的亚述帝国。

新巴比伦王位传到第二代，就是名王尼布甲尼撒（公元前 604 年～前 562 年在位），国力达到极盛。他在巴比伦城宫殿建造的空中花园，成了古代世界七大奇观之一。

公元前 538 年新巴比伦被波斯帝国攻灭后，美索不达米亚先后受波斯人、马其顿希腊人、安息人、萨姆波斯人的统治。

公元 642 年，阿拉伯帝国攻灭萨姆波斯，伊拉克成了帝国的政治、文化中心。这时伊拉克、叙利亚、约旦、巴勒斯坦和沙特阿拉伯等国都成了阿拉伯国家。伊朗人和库尔德人是印欧人。16 世纪，西亚属于奥斯曼土耳其帝国。1920 年，伊拉克成了英国的委任统治地。1921 年伊拉克才获得独立。

西亚与北非是近邻，它们的文明历史互相渗透和促进。由于离欧洲不远，它们的古老文明对现代文明的发展起着重要作用。

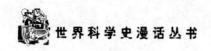

# 神秘的苏美尔人

美索不达米亚的古老文明，是由一个叫"苏美尔"的神秘民族，在公元前3000年左右开创的。当时他们创建了埃里都、乌尔、拉尔萨、乌鲁克、拉伽什、乌玛、苏鲁帕克、尼普尔、基什和西帕尔等奴隶制城邦。苏美尔人分布在美索不达米亚以南窄小的区域内（面积只有3万平方千米，还没有中国海南岛那么大），但是他们在这里起主导作用的时间不短（将城邦时期和乌尔第3王朝时期累计起来，有七百几十年），加之他们创造出高水准的经济、文化，因此可以说他们奠定了西亚古老文明的基础，对后世的影响十分深远。

## 世界之最

美国学者塞缪尔·挪亚·克雷默曾经列举了苏美尔人的27个世界之最，其中包括：最早的学校，最早的历史学家，最早的药典，最早的遮荫树栽培试验，最早的宇宙演化论，最早的挪亚方舟故事和最早的图书馆。其实，苏美尔人的世界之最还不止于此，至少应该添加楔形文字和天算历法两项。

没有想到，苏美尔人的文学作品对二千几百年后的犹太、基督两教的圣经会产生如此巨大的影响。《圣经·旧约·创世纪》中记载有一个挪亚方舟的故事，说是上帝以特大洪灾降罚于罪孽深重的人类和其他动物，只让善良的挪亚一家带着留种的各种动物乘上方舟，在长达 150 天的全球性洪灾期间得以保全性命。洪水退去之后，挪亚一家和各种动物走出方舟，重新繁衍出丰富多彩的人类社会和动物界。

然而，考古学家们在苏美尔人的乌鲁克城邦遗址里，出土了一部世界上最古老的史诗《吉尔伽美什》。这部史诗讴歌这个城邦智勇双全的国王吉尔伽美什，其中有一个类似挪亚方舟的故事，只不过主角不叫挪亚，而叫马特纳比西丁。很明显，圣经中的方舟故事是从《吉尔伽美什》里改头换面套过来的。

只有两河流域洪灾频仍，给居民带来严重的生命威胁和财产损失，才会震撼人民的心灵，产生出方舟故事。而在犹太人的故土巴勒斯坦，很少有严重的水灾发生，是不容易虚构出这种故事来的。

公元前 586 年，新巴比伦国王尼布甲尼撒二世攻陷耶路撒冷，灭亡了犹太王国，把犹太的富人、手工业者和普通居民几万人掳到了巴比伦城，作为人质或奴隶。到了公元前 538 年，波斯国王攻占巴比伦城，灭亡了新巴比伦，才将这些囚虏释放回他们的故土。恐怕正是这批犹太人在巴比伦尼亚期间听到了方舟故事，带回国去。后来圣经的作者将它改头换面收进圣经里去。

# 来自何方

苏美尔人到底来自何处？是一个至今没有解决的问题。多数人认为，他们来自伊朗山地或更东、更北的亚洲山区，比如阿富汗、俾路支或印度河谷。考古学家们在苏美尔地区出土了类似印度河古老文明的印章。但是，创造印度河古老文明的达罗毗荼人的主要体征像澳大利亚人种，肤色很黑。这是与文献对苏美尔人的体征的描绘大相径庭的。

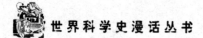

根据文献记载，苏美尔人的外貌特征是矮小健壮、圆颅直鼻、短颈、光头、黑发。从这种描写看，苏美尔人似乎是蒙古人种。而从出土的苏美尔人雕像看，他们都是高鼻梁、大眼睛，更像欧罗巴人种。不过苏美尔人在创建城邦之前已征服当地原住的塞姆族人，很可能在混血中带上欧罗巴人种体征。这就像原为蒙古人种的突厥人，在西迁中与欧罗巴人种部族混血，而带上后者的体征。

一位男性苏美尔还愿者的雕像（白石膏塑造上施沥青）

苏美尔语到底属于哪个语系？今天还不清楚。不过有一点是明显的：它肯定不属于欧罗巴人种的闪含和印欧两大语系。

有的学者认为，苏美尔语像是古突厥语或图兰语。突厥语是一个语族，与蒙古、满—通古斯两大语族同属阿尔泰语系。突厥人是蒙古人种北亚类型与欧罗巴人种地中海类型的混合，其中靠西边的土耳其等族更像欧罗巴人种，而靠东边的维吾尔、乌孜别克（乌兹别克）、哈萨克、柯尔克孜（吉尔吉斯）等族保留蒙古人种的体征相当多。靠东边的突厥人就是图兰人，又叫"南西伯利亚人种"。

也有的学者认为，苏美尔语与汉藏语系更为相近，汉藏语系的代表就是汉语和藏语。

汉藏和阿尔泰是中国的两大主要语系。汉藏语系各族构成中国人口的绝大多数。在上古史上，汉藏人中分布最靠西边的部族就是西羌。西羌人是构成华夏人的第一大成分，是汉、藏等族的共同祖先。相传我们的老祖宗炎帝就来自西羌。在上古，阿尔泰语系诸族就是北狄人，北狄人是构成华夏人的第二大成分，是汉、满、蒙、突厥等族的共同祖先。相传我们的老祖宗黄帝就来自北狄。

如果苏美尔人的确是汉藏语系人或阿尔泰语系人的话，那么他们就是在远古从中国一带西迁的西羌人或北狄人的一支。

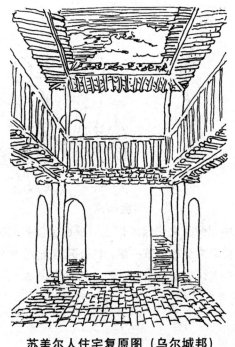

苏美尔人住宅复原图（乌尔城邦）

## 尖底陶瓶之谜

公元前 5000 年～前 3000 年间，中国有一种以黄河中游和中原地区为中心分布的考古文化，称为"仰韶文化"（因为它被考古学家最早发现于河南渑池县仰韶村而得名）。这种文化大抵是以西羌人为首创造的。在公元前 5000 年～前 4000 年间，仰韶文化的若干类型都流行一种双耳尖底陶瓶，而且数量很多。无独有偶，在公元前 3000 年～前 2000 年间，苏美尔人中也流行着尖底陶瓶，有无耳的，也有双耳的。这种陶瓶是不

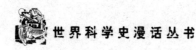

是由中国传到美索不达米亚的？是不是西迁的西羌人带来的？这支西羌人是否就是苏美尔人呢？这都是值得探索的饶有兴味的问题。

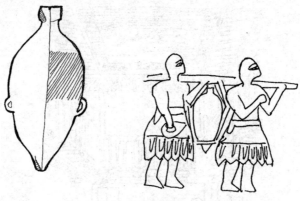

**尖底陶瓶**

左：中国仰韶文化遗址出土（陕西临潼县姜寨村
仰韶文化遗址第一期，约公元前 4675 年）；

右：苏美尔人遗址出土（约公元前 3000 年）。

# 楔形文字与泥板书

早在公元前 3000 年左右，苏美尔人就创造了楔形文字。他们通常用小尖棒在未干的软泥板上压出字迹来，每个笔画都是一头钝一头尖，呈楔子形状，因此称为楔形文字。这种文字的符号有多种：有象形的，有表意的，有表音的，还有部首的。

比如，苏美尔人将"星"字写成✹，显然是象形的。以后它被简化成▽，就看不出星星的形象了。由于星星在天上，苏美尔人又将星宿看成神，因此▽字又表示"天"、"神"，这是表意的。苏美尔人将"星"字读成 an，因此它又表示 an 这个音节，这是表音的。楔形文字与汉语一样有部首：神名的音节符号前面加一个符号▽；男人名字的音节符号前面加一个符号▽。

尽管阿卡德人、巴比伦人（阿摩利人）和亚述人讲的话属于闪含语系，赫梯人和波斯人讲的话属于印欧语系，与苏美尔语所从属的语系是根本不同的，可是他们都接受了楔形文字来表达自己的意思。至于估计讲的话与苏美尔语相近的埃兰人和胡里特人，那就更不用说了。直到苏美尔人衰落 1000 年后，楔形文字才退出历史舞台。

把文字刻在软泥板上，刻完马上送到炉灶上烘干，使它变硬，以便长期使用和保存。泥板书比较笨重，可是只要不泡在水里，它要比埃及的纸莎草纸卷更经久耐用。西亚古代战乱频仍，一座座宏伟的城池和壮丽的宫殿在烈火中焚毁，夷为平地。泥板经过火烧变为陶板，反而更加坚硬耐用，就像中国上古的陶文。因此，有数量巨大的古西亚文书借助于泥板保存至今。比如亚述帝国半疯狂的暴君森纳切里布，就在自己的宫殿里设立一个图书馆。考古学家们在那里发现多到3万块的泥板书。

公元前二三千年间，塞姆族的迦南人入主腓尼基，逐渐同化了原住的胡里特人。公元前2000多年，他们在那里创建乌加里特、俾布罗斯、西顿和推罗等奴隶制城邦。腓尼基约相当于今黎巴嫩和叙利亚沿海地带。公元前8世纪以后，相继属于亚述、新巴比伦、波斯、马其顿、罗马、阿拉伯和奥斯曼诸国，第一次世界大战后沦为法国的委任统治地。黎巴嫩和叙利亚分别于1943年、1946年独立。

| | 北方闪米特早期腓尼基 | 塞浦路斯腓尼基 | 普尼迦太基 | 新普尼 |
|---|---|---|---|---|

**古代字母的演变**

腓尼基各城邦的手工业、商业和航海业都很发达。公元前一二千年间，由于腓尼基是靠近北非的西亚地区，因此在她的北部和南部各出现一种文字。北部的字母受到两河流域的影响，是楔形的，一共有 29 个（一说 30 个）字母，没有元音。南部的字母受埃及的影响，是线形的，一共有 22 个字母，也没有元音。后来北方字母逐渐被南方字母取代。腓尼基人统一使用 22 个字母。古希腊人在腓尼基字母的基础上创造出希腊字母，在希腊字母的基础上又形成了拉丁字母。希腊、拉丁字母是以后欧美各国字母的基础。

# 古美索不达米亚的天算

与古华夏人一样，古美索不达米亚人也通过天文观测创造了阴阳合历。苏美尔人和阿卡德人早就把两次新月出现之间的时隔，定为一个所谓"朔望月"。因为朔望月的平均长度是 29 天半（我们知道是 29.5306 天），所以定为相间的小月 29 天、大月 30 天。而大小月各 6 个加到一起只有 254 天，比一个回归年短 11 天多（我们知道是 11 天 5 小时 48 分 46 秒），他们就用在一定年份设置闰月来弥补。所谓"回归年"是相邻两次春分点（或秋分点、冬至点和夏至点）之间的时隔，也就是太阳连续两次直射于北回归线（或南回归线）之间的时隔。这种既照顾到月亮（太阴）环绕地球运行，又照顾到地球环绕太阳运行的历法，就叫"阴阳合历"。

古巴比伦人已经能把恒星和五大行星（金、木、水、火、土）区别开来，又绘制出黄道（太阳的视运动轨道）上的 12 宫（12 个星座）的图形。

亚述人和新巴比伦人根据月相的变化，将一个月分为 4 个星期，每星期 7 天，分别以日、月以及火、水、木、金、土五大行星的名字命名星期日到星期六的 7 天名称。这种 7 天一星期的制度，被世界各国沿用至今。新巴比伦人还按黄道 12 宫把一昼夜分为 12 个时辰，每个时辰 120 分钟，这又是近代将每昼夜分为 24 小时、每小时 60 分钟的计时单位体系的雏形。

古美索不达米亚在数学上的成就也很大。苏美尔人在几何学之外的其它领域都超过了埃及人，他们求出平方根和立方根，是当时的世界尖端科学。他们发明了 60 进制，并用于计测时间和角度，也沿用至今。古巴比伦人是代数学的奠基者，他们能求解一元二次方程式和三元一次方程式。更有趣的是，古巴比伦已经开始与几何级数打交道。例如，公元前 1650 年成书的《莱茵德古本》中问题 79 像是猜谜语：求出 7 间房屋、49 只猫、343 只老鼠、2401 穗小麦和 16807 粒麦子所有这些东西的总件数。这就是几何级数求和问题，算出是 19607 件。不过究竟古巴比伦人是否有几何级数求和公式，那就不得而知了。

# 最早的铜、铁冶炼人

古西亚人是最出色的早期金属冶炼能手。

在伊拉克北部与土耳其相近的杜威彻米中石器时代末期遗址（公元前9217年～前8935年），就曾发现过用天然铜制作的装饰品。这是世界上最早的铜器。在伊朗南部的阿里柯什新石器时代晚期遗址（公元前6500年～前6000年左右），也曾发现过用天然铜锻造的工具。

到哈苏那文化时期（公元前5750年～前5350年），人们才学会采掘铜矿石，并且从中炼出铜来。这是世界上最早的人工冶炼成的铜。从此，西亚就进入早期的铜石并用时代。哈苏那在今伊拉克尼尼微省摩苏尔以南。

起初的铜器一般是红铜铸成。红铜是直接从铜矿石冶炼出来的，虽然其中含有不少杂质，但是并非有意炼成的合金。它新炼出来的时候相当美观，然而质地柔软，不太适宜制作工具，而且会很快锈蚀变暗。后来人们发明了青铜。青铜是铜锡合金，比红铜坚硬，熔点却比较低，容易熔化和铸造。苏美尔人早在公元前2500年就造出青铜，但是要到乌尔第3王朝（约公元前2113年～前2006年）才普遍使用，使社会生产力大大提高。

青铜性能虽然优良，但是配制材料铜和锡的资源不多。因此，人类又发明了炼铁。铁的资源要比铜、锡丰富得多。起初发明的铁性能还不如青铜。后来发明炼钢，才使青铜性能瞠乎其后。

世界上最早发明炼铁的是西亚古国赫梯（公元前17世纪～前8世

纪）。赫梯位于小亚细亚东部，在哈里斯河（今土耳其克泽尔河）中上游一带。这是一个四面多山的高原地区，雨量又少，不怎么适宜农耕，可是银、铁、铜等金属矿藏相当丰富，所以赫梯人在冶金上施展才华。原住居民哈梯人语言与苏美尔语相近。约公元前 2000 年，赫梯人大量迁入赫梯，他们讲的话属于印欧语系。赫梯人同化了哈梯人，于公元前 17 世纪创建了统一的奴隶制国家，建都哈图萨斯（今波加兹刻尔）。赫梯人曾于公元前 1596 年一举攻灭古巴比伦王国。公元前 14 世纪，赫梯人发明了炼铁，在世界上最早使用铁器。这使赫梯国势日益兴盛，成为西亚军事强国，公元前 10 世纪，两河流域也进入铁器时代。

由于冶金业相当先进，西亚的器械制造相当精良。苏美尔人能制造车、船。古巴比伦人造出一种比较完善的扬水器，发明播种器具——耧。

**亚述人攻占叙利亚要塞**
**（梅迪奈特哈布大神庙北外墙上浮雕）**

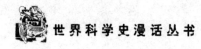

亚述人在战争中使用冲城器和投石机，每次进攻敌国城池，都要用投石机向城里发射石弹和燃烧着的油罐，又将冲城器推到城下进行猛烈冲击，打开缺口。

美索不达米亚的琉璃砖和玻璃烧制以及珍宝琢磨加工，也是远近闻名的。最有意思的是，1845年，英国籍的法兰西考古学家奥斯丁·亨利·莱尔德，在亚述帝国陪都卡拉（今伊拉克国尼姆鲁德，在尼尼微省摩苏尔以南）西苏尔纳西拔二世（公元前883年～前859年在位）的宫殿遗址，出土了一片一面平、一面凸的水晶，直径3.81厘米。它显然是一个平凸透镜，焦距为10.16厘米，可能是取火用的。

# 名城巴比伦和尼尼微

在古美索不达米亚，有两座名城闻名遐迩，就是古巴比伦和新巴比伦两王国的首都巴比伦城和亚述帝国的首都尼尼微城。

## 世界最大城市之一

巴比伦城位于幼发拉底河中游，今伊拉克首都巴格达以南约89千米的希拉附近。她原是古巴比伦王国第1王朝创始者阿摩利人的一个城邦的国王苏穆阿布姆在公元前1894年兴建的城邦首府。传到该王朝的第六代国王，就是著名的汉穆拉比（公元前1792年～前1750年在位），他征服了周围的城邦后，基本上统一了美索不达米亚，巴比伦城才成了古巴比伦王国的首都。约公元前1595年，印欧族的赫梯人攻灭了古巴比伦第1王朝，洗劫了巴比伦城。公元前1518年，可能与苏美尔人一样原属蒙古人种的喀西特人建立古巴比伦第3王朝。公元前1234年，塞姆族的亚述人又曾经占领巴比伦城。公元前1159年，也可能属蒙古人种的埃兰人攻陷巴比伦城，灭亡了古巴比伦第3王朝。公元前729年，亚述国王提格拉特帕拉沙尔三世兼任古巴比伦国王，古巴比伦王国时代结束。

公元前689年，残暴至极的亚述国王森纳切里布决心彻底消灭反抗的巴比伦城。亚述军队攻破该城后见人便杀，尸体壅塞街道。住宅和神庙全被拆毁，扔到河里。还引水灌城，淹没一切。

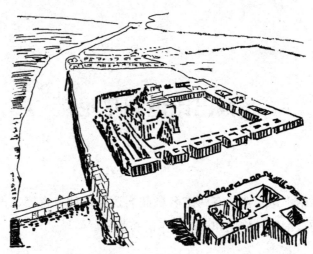

巴比伦城的伊什塔儿门通天塔、神庙区及幼发拉底
河大桥复原图。

　　不甘忍受亚述人血腥统治的塞姆族的迦勒底人，在名将纳博波拉萨
率领下起兵反抗，于公元前 626 年收复巴比伦城，重建王国，史称"新
巴比伦王国"。他又在公元前 612 年，联合同受亚述人压迫的印欧族的米
提亚人的国王奇阿克萨，攻破亚述首都尼尼微。公元前 605 年，联军灭
亡亚述帝国。

　　纳博波拉萨的儿子尼布甲尼撒二世国王，号称"万王之王"和"天
下首富"。他以极宏伟的规模重建了巴比伦城，恢复了伊马赫神庙、伊沙
基拉神庙、宁努塔神庙和伊什塔儿神庙。在幼发拉底河上建造了第一座
石桥，开凿了利比尔－希加拉运河，完成了南堡和宫殿，还以上釉的动
物浮雕装饰了伊什塔儿门。他将盖房用的土坯由原来的用太阳晒干，改
进为用火焙干，使它较为坚牢。他不停地建造新居，使它们一幢比一幢
更具有皇室气派。当时的巴比伦占地 10000 公顷，是世界最大的城市之
一。她有内外三道城墙，内城有 360 座望楼，外城有 250 座，城上可以
让两辆四马战车并驾齐驱。

# 空中花园、通天塔、宽街长城

在巴比伦的建筑物中，最令人感兴趣的是一座花园、一座塔和一条街。

这座花园就是古代世界第二大奇观"空中花园"，又叫"悬苑"。她建造在南堡的东北角一系列砖石拱形结构上。上面铺设芦苇、沥青和铅板等材料以免漏水。泥土堆置在铅板上，栽种奇花异草和树丛，远看犹如花园高悬空中。有一口三眼井，用链式筒车不停地汲井水灌溉植物。一般认为，它是新巴比伦国王尼布甲尼撒二世，为取悦他的米提亚族王妃阿密斯提而建造的，因为她深切怀念故国的山川花木。空中花园上种的应当是米提亚人喜爱的花木。一说它是亚述国王阿达德尼拉利三世（公元前810年～前783年在位）的母亲撒姆拉玛特建造的。

拱形建筑断面图（"空中花园"建在它上面）

一座塔就是犹太教和基督教的《圣经·创世纪》提到的著名的巴比塔，又叫通天塔。据说早在古巴比伦时代，巴比伦城就建造有通天塔，后来被亚述入侵者摧毁。近代考古学家发掘到的通天塔，是新巴比伦的缔造者纳博波拉萨和尼布甲尼撒二世父子重建的。它是用焙干的土坯砌筑的七层露天螺旋梯，外廓像阶梯式金字塔。塔基每边长 87.78 米，塔身和塔顶玛杜克神庙总高度也是 87.78 米。神庙墙壁包有金箔，装饰着淡蓝色的上釉砖。庙里供奉着一尊纯金的半人半兽的玛杜克神像，它端坐在一张纯金的桌子边的宝座上，面前放着一张纯金的脚凳。据说当时制作玛杜克神像和它的附属品一共用了纯金 26.07 吨！庙里还有一张华丽的卧榻和一张镀金的桌子，供一名挑选出的美女居住和使用，她是奉献给玛杜克的。每逢祭祀玛杜克神的节日，成千上万的巴比伦人（包括国王在内）都沿着通天塔登上神庙参加祭典。

**巴比伦城的通天塔**

通天塔实在太壮丽了。因此，公元前 539 年，波斯国王居鲁士率军攻下巴比伦城后，他不仅禁止部下破坏通天塔，而且下令在自己的陵墓上复制了一座通天塔。不过，古波斯的国王们并不都与居鲁士一样。后来的波斯国王薛西斯还是将巴比伦城的通天塔拆毁了。再后来，马其顿的亚历山大大帝远征印度，路过巴比伦城，曾经怀着赞叹的心情凭吊这个遗址，并且让他的一万名官兵花了两个月清理现场。在历史的长河中，它最后还是化为一堆破砖。直到 19 世纪，德国考古学家罗伯特·科尔德韦雇用了 250 名民工，坚持干了 8 年，总共用了 80 万个工作日，才使新巴比伦时代的通天塔基本恢复旧观。

一条街就是通向玛杜克神庙所在通天塔的夹道，宽 22.43 米，比古罗马的任何一条大道都宽。一条街用石头砌筑，两边墙上还有 120 头彩釉狮子浮雕。每逢祭祀盛典，巴比伦国王和臣民们都要沿着这条宽街走向通天塔，攀登上去膜拜玛杜克神。

此外，为了防止盟友米提亚人的突然袭击，尼布甲尼撒二世在王国北部兴建一道横跨两河平原的长城。这与春秋战国时代的中国十分相似。

巴比伦城人口减少和宫殿衰败，是从安息人统治时期开始的。到了中世纪，阿拉伯人统治美索不达米亚的时代，曾经十分繁华的巴比伦城，已经只剩下一些茅屋，供人凭吊了。

# 血腥之城尼尼微

亚述建国以来，长期以亚述城为首都，国王亚苏尔纳西拔二世又以卡拉城为陪都。公元前707年，国王萨尔贡二世（公元前722年～前705年在位）才迁都杜尔沙鲁金城。但是他儿子森纳切里布（公元前704年～前681年在位）继位后，又于公元前701年迁都尼尼微城。

尼尼微位于底格里斯河东岸，与今伊拉克的摩苏尔城隔河相望。她原来是亚述帝国的一座省城，是以美索不达米亚的大女神"宁"的名字命名的。定都以后，经过历代帝王扩建，成为亚述帝国的政治、经济和文化中心。在国王亚苏尔巴尼帕尔（公元前668年～前626年在位）时期，尼尼微誉满天下，有"商人多于满天星斗"之称。亚述征服者掠夺大量战利品（包括奴隶），并且残酷聚敛各地贡赋，使尼尼微财富充盈，她在古文献中被称为"血腥之城"。

尼尼微是一座由大宫殿、广场、林荫道组成的特大城市，面积700

猎狮图（尼尼微城亚苏尔巴尼帕尔宫殿遗址出土的石灰石板浮雕，公元前7世纪）

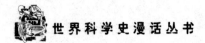

公顷，在西亚，她的规模仅次于巴比伦城。她集中了前所未有的种种技术成就。从远处就能看到她那金碧辉煌的宫殿的正面和它在底格里斯河中的倒影。全城有 15 座门，周围环绕着宽 23.47 米的长壕。花园门外河上架着一座石拱桥，在当时可以称为建筑学上的奇迹。城西是森纳切里布国王用来炫耀的"亘古未有"的宫殿。19 世纪中叶，考古学家们曾在这里发掘出巨大的宫殿废墟，大约有 211 个厅堂和 30 个庭院，壁上装饰着各种巨大的异兽的雕刻。

由于亚述帝国的统治者嗜血成性，对被征服的异族进行极端残酷的烧杀掳掠，因此激起了各地人民的拼死反抗，动乱连绵不绝。公元前 655 年，埃及首先脱离亚述独立。公元前 626 年，迦勒底人收复巴比伦城，建立新巴比伦王国；又与伊朗高原北部的米提亚人结盟，共同进攻亚述。公元前 612 年，联军攻陷尼尼微，灭亡了亚述帝国。为了对亚述人进行报复，联军将尼尼微夷为平地，一代名城烟消云散。

对于古巴比伦文明，我们也有七言律诗一首为评：


评古巴比伦文明


两河开拓实维艰，创造琳琅超璆玗；

文字楔形书土板，花园高挂塔通天；

阴阳合历星期定，四马跑城望楼安；

可叹骄奢又杀戮，宝移国破化云烟。


西亚文明对世界的贡献是无与伦比的。然而统治者的骄奢淫逸和通天塔之类无用建筑，国力、民力消耗殆尽，亡国征兆已经形成。再加上种族仇杀和清洗，社会元气大伤，终于铸成城破族灭，文明中断的可悲结局。

# 南亚篇

印度河流域〔古老〕社会同中国、埃及和希腊〔古老〕社会很
相像。

——〔印度〕R. P. 萨拉夫

世界上第三个古老文明中心在南亚次大陆，也就是今天印度、巴基
斯坦和孟加拉诸国境内，主要是印度河和恒河流域。南亚的两河与西亚
的两河一样哺育着古老文明。由于适宜于农耕的地域广阔得多，南亚养
活的人口比西亚和北非都要多得多。

南亚的人种构成比北非和西亚要复杂得多，包括地球上的三大人
种——赤道人种（黑种）、蒙古人种（黄种）和欧罗巴人种（白种）的不
同组合比例。次大陆的赤道人种主要是澳大利亚支系的维达类型；蒙古
人种，主要是南亚类型；欧罗巴人种，主要是印度地中海类型。这三大
人种长期混血的结果，使得现代次大陆诸族人多数呈现出奇妙的混合性
状：在外形轮廓上像欧罗巴人种，肤色上像澳大利亚人种（深褐色或棕
色），而血型上却像蒙古人种。

次大陆最古老的居民，主要是澳大利亚人种维达类型，其次是蒙古
人种南亚类型。早在新石器时代，澳大利亚人种就由南亚次大陆向华南
分布，而蒙古人种则反过来由华南向南亚次大陆分布，两者互相融合、
互相影响。比如次大陆最古老的部族之一的蒙达人，在体征上基本保持
澳大利亚人种的模样，而在语言上却与印度支那的柬埔寨人同属南亚语
系；柬埔寨人在体征上基本保持蒙古人种的模样，但是有明显的澳大利
亚人种的成份。

公元前 4000 年～前 3000 年间，一些欧罗巴人种地中海类型的部族
从中亚进入南亚，与原住的澳大利亚人种部族混血，演化成达罗毗荼人。
他们的体征基本上像澳大利亚人种，但是也有点像欧罗巴人种，肤色深
褐。公元前 2500 年～前 1500 年间，他们在印度河流域一带创造了哈拉

巴文化，建立了一系列奴隶制城邦。这是一种青铜器文明，又叫印度河古老文明，主要分布在巴基斯坦，也分布在伊朗、阿富汗和印度境内，范围广阔。

然而，公元前2000年以来，强悍的印欧语系的雅利安人游牧部族人，一批又一批地从中亚入侵，彻底摧毁了印度河古老文明，征服和奴役达罗毗荼人，并迫使他们大规模南迁，致使南亚文明史倒退1500年。公元前1000年左右，雅利安人进入恒河流域，又征服和奴役蒙达人。此后，达罗毗荼人和蒙达人大多数沦为种姓体系的底层，受到压迫和歧视。在世界上四大古老文明中心里，南亚是唯一的产生种姓制度、存在严重的种族歧视的地方。

雅利安人是欧罗巴人种印度地中海类型，原先肤色较浅；但是在进入南亚之后，在与原住部族的长期混血中，大量混入澳大利亚人种成份，肤色也变为深褐，以致到了近代，自己也被白人看作有色人种而遭到歧视。

雅利安人的入侵，的确一度使南亚文明倒退。早在公元前2500年左右，达罗毗荼人就有了文字；但是没有文字的雅利安人并没有将达罗毗荼文字继承下来，而是加以彻底摧毁，人为地造成失传，以致今天无人能解读。

公元前1000年左右，南亚开始使用铁器，农业、手工业和商业得以发展起来。公元前8世纪～前7世纪以来，雅利安人先后创造了几种文字，其中以梵文流传最广。历代中国高僧都从梵文翻译佛经。大约在公元前1000年～前600年间，次大陆的北部印度河和恒河流域，出现了几十个奴隶制城邦。这比中国西周和春秋时期晚多了。公元前6世纪～前4世纪是所谓列国时代。通过彼此间的战争，到公元前6世纪初兼并为16大国。公元前4世纪后期，列国统一为摩揭陀王国。

公元前327年～前325年，马其顿国的亚历山大大帝一度占领了次大陆西北部旁遮普。他留下傀儡、总督和驻军后回巴比伦。

公元前 324 年，旃陀罗崛多（约公元前 324 年～前 300 年在位）起兵驱逐了马其顿侵略军，自立为王；又东进攻灭了摩揭陀王国，建立了孔雀帝国（公元前 324 年～前 187 年）。到著名的阿育王在位年代（约公元前 273 年～前 236 年），除南端外，次大陆全都并入帝国版图。

公元前 187 年孔雀帝国灭亡后，次大陆走向分裂。后来一度受到来自中国西北的大月氏人建立的贵霜帝国（1 世纪～5 世纪）的统治。大月氏人大抵是汉藏人中的西羌族。

南亚次大陆各族先民们创造了世界上四大古老文明之一，在科技成就上可以说灿烂辉煌。但是由于长期的种姓尖锐对立、种族歧视对抗，而使次大陆分裂纷争时期大大长于统一协调时期，往往不能捏成一个拳头，从而限制了自身的发展。

# 三城记

1875 年，在今巴基斯坦的印度河上游的哈拉巴，发现了很多刻有动物图案的印章。这是哈拉巴文化（又叫印度河古老文明，公元前 2500 年～前 1500 年）遗址发现的开始。哈拉巴文化是谁创造的还不太清楚，一般推断，它是肤色深褐的达罗毗荼人创造的。

1922 年，印度考古学家拉·巴涅尔吉在哈拉巴西南约 700 千米的摩亨佐达罗（在今巴基斯坦信德省拉尔卡纳县），发现了刻有动物形象的图画文字的印章，并且在那里发现了古城遗址。同年考古学家又在哈拉巴发现了一座与摩亨佐达罗古城同时代的古城遗址。

接着，在巴基斯坦的旁遮普和俾路支两省，印度的哈利亚纳、北方、比哈尔和古吉拉特诸邦，阿富汗的瓦努和芒迪盖克等地，也陆续发现了哈拉巴文化遗址。

这种考古文化的遗址总共发现了 200 多处，分布的范围相当广阔：北边从喜马拉雅山南麓起，南边到纳巴达河；西边从伊朗的莫克兰海岸起，东边到恒河谷地，纵横分别是 1500 千米和 900 千米。用放射性碳 14 法测定，它的年代为公元前 2500 年～前 1500 年。

哈拉巴文化古城遗址已发掘出几十处。哈拉巴和摩亨佐达罗是其中最大的两座，可以说是古代印度河流域城市文明的代表。两城各占地二三百公顷，估计各有人口 35000 左右，以摩城遗址保存得较完好。

摩城与哈城一样，分为卫城和下城两部分。卫城四周有又高又厚的砖砌城墙和御敌用的塔楼。城内有不少的大建筑物，筑高出洪峰水位的堤坝作为屋基。城中央是一个壮丽的公共澡堂，长55米，宽33米。它的中心是一个长12米、宽7米、深2.5米的浴池（混塘），两边有砖砌的阶梯供沐浴者上下。浴池的供水、排水和储水的设备齐全。水源是附近一个房间里的水井。浴池的底层和四周都涂有2厘米厚的沥青夹层防漏。浴池北面有8间小浴室，室内高台上放着盛热水的陶罐。澡堂东北边和西边分别有宫殿、谷仓和作坊等。谷仓是印度河古文明城里的重要建筑物，通过精心设计，通风良好，使谷物保持干燥，防止返潮霉烂。卫城南部有一座约25米见方的会议厅或庙宇。

在下城居民区，街道都是正南正北、正东正西走向，像棋盘一样方方正正，整齐美观。在十字路口街角，房屋的外墙角都砌筑成圆弧形状，以免行人磕碰。主街宽10米，能容纳两辆大车交错或齐驱；有的小巷只有2.3米宽。在街道上，每隔一定距离装有高杆路灯，便于市民夜行。城内民居有的是二三层的红砖楼房，多到十几间，楼上楼下都有浴室，设备齐全，连地板也用砖砌筑，非常讲究；而有的民居却是十分简陋的茅草屋，用泥和牛粪做地，可见贫富悬殊。

摩亨佐达罗城供水、排水体系严密。大多数房屋都有家庭自用水井，也有公共水井，都用辘轳打水，有高出地面的井栏，上面加盖。

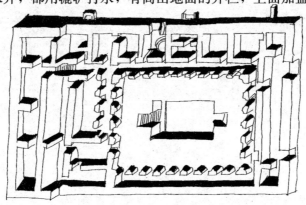

**摩亨佐达罗古城公共澡堂复原模型鸟瞰**

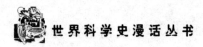

看来印度河古老文明水准很高，相当兴旺发达。不过，在上古，财富是对蛮族入侵的鼓励。而在冷兵器时代，发达的农业民族往往不敌落后的游牧民族。雅利安蛮族是由阿富汗入侵南亚次大陆西北部的。当然，入侵者会遭到当地居民的顽强抵抗。到公元前15世纪，不仅印度河上游的哈拉巴城，而且下游的摩亨佐达罗城，都已经被入侵者摧毁。现代考古学家们还在哈、摩两城发现当时当地的大人小孩被成批屠杀、尸骨狼藉的惨状。

这时候，在入侵者尚未达到的边远地方，印度河文明还在继续发展。例如位于今印度古吉拉特邦的港口城市罗塔尔，晚至公元前1000年之后才被入侵者摧毁。罗塔尔城原来是商业中心，比哈、摩两城小，东西长约210米，南北长约360米。周围有砖砌的防洪大堤。主街宽6米，小巷宽2米。有珠宝、金铜作坊，市面繁荣。也有类似摩城的大谷仓和公共澡堂。她特有的是一座214×37米的大船坞，有一条2.5千米长的人工河道与注入坎贝湾的河流相通。设有能够开启的闸门，可以将待修的船只通过这条人工河道驶入船坞修理。

公元前6世纪，由于工商业的发展，在南亚次大陆北部，特别是在恒河中、下游，又兴起一些大城市。根据佛经记载，当时有王舍、吠舍厘、舍卫、阿踰陀、波罗尼斯、赡波、侨赏弥和呾叉始罗八大城市，人口密集，非常热闹。

# 能工巧匠之邦

印度河文明本质上是城市文明，手工业相当发达。到列国时代，由于雅利安人入侵而衰落的手工业重新走向发展。佛经中提到的手工业匠人有 18 种之多。

早在印度河文明时代，次大陆的建筑技术就在世界上显得非常突出。达罗毗荼人大概是全球最早掌握烧砖技术的人。这里没有硕大无比的金字塔和巍峨壮观的神庙；但是他们建造的红砖楼房住宅、公共澡堂、大谷仓和城市给水排水系统等都是举世无双的，实用而美观，反映出当时次大陆的高度文化。列国时代佛教兴起后，出现了佛教建筑宝塔和石窟寺，传入中国后，在华夏大地上大量发展。

在印度河文明时代，次大陆人就善于冶炼金、银、铜、锡、铅等金属，并且以铜锡或铜砷熔炼青铜，并最早实行失蜡铸造。这就是先用蜡做成模型，涂上泥土，加热使蜡熔化，留下烧硬了的泥土铸模，倒入熔化的金属就铸成器皿。一尊从哈拉巴文化遗址出土的青铜裸体舞女像，就反映了当时铸造水平的高超。公元前 1000 年，雅利安人学会炼铁，这在世界上也是很早的。

哈拉巴文化的制陶工艺水平也很精湛。特别是蛋壳陶更加精美。在世界上，只有中国的山东、河南和湖北才比南亚次大陆更早创造蛋壳陶，山东和河南的是黑陶，湖北的是彩陶。

印度河流域是世界上最早种棉花纺纱织布的地区。次大陆的棉布织

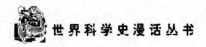
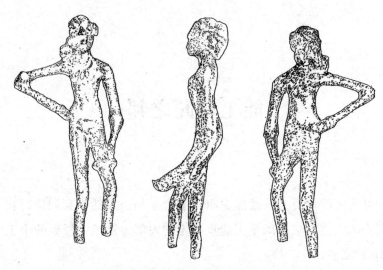

**哈拉巴文化遗址出土青铜裸体舞女塑像**

染历来很发达。在哈拉巴和摩亨佐达罗，发现了不少紫色棉布碎片和染料桶。

南亚次大陆是能工巧匠之邦。

# 次大陆的数理科学

从每个城市都有设计合理的大谷仓来看，印度河流域的种植业是很发达的。农业经济为了定季节，就发展了天文学。但是由于哈拉巴文化被雅利安人摧毁，我们无法了解印度河文明的天文成就。后来雅利安人也发展了天文学。早在吠陀时代（公元前1500～前600年），次大陆的居民就把黄道（太阳视运动的轨道）附近的恒星划分为28个星座，并以它们为基准来观测太阳、月亮和各大行星在天空的位置。这样的28星座中国也有，称为"28宿"，而且产生时间也约略相当。到底是中国影响次大陆，还是次大陆影响中国，今天已经很难说了。

公元前1000年，次大陆已经有相当精确的历法：一年分为12个月，每月30天，5年一闰加上第13个月。这种历法中国殷商时代（公元前17世纪～前12世纪）就有了，发明时间比次大陆要早，很可能次大陆受中国的影响。

哈拉巴文化已经有尺子和天平。尺子有两种：一种是介壳尺，在摩城发现了它的残段，长16.8厘米，上面刻有9个标度，每个标度长0.67厘米，在第五个标度处有一个特殊的记号，5个标度的总长＝5×0.67厘米＝3.3厘米。如果按10进位制递增单位，把0.67厘米看作1分，那么3.3厘米是半寸，1寸是6.7厘米，1尺是67厘米。如果把0.67厘米看作2分，那么3.3厘米是1寸，1尺是33厘米，刚好与我国现代市尺一样。另一种是青铜杆尺，在哈拉巴发现它的残段3.8厘米长，上面刻有4

个标度，每一标度 0.9 厘米。如果把 0.9 厘米看成 1 分，那么 1 寸＝9 厘米，1 尺＝90 厘米，与现代 1 米＝100 厘米相近了。看来相距 700 千米的哈、摩两城尺度并不统一，哈城 1 尺＝90 厘米，摩城 1 尺＝67 厘米。

哈拉巴文化的天平，用浅燧石、硬黑石或石灰石制作砝码，通常是立方体，也有圆锥体、圆柱体或桶状。最轻的不到 0.1 克，最重的有 10.97 千克。看来单位重量之一是 0.875 克。发现最多的砝码重量是 13.64 克。砝码重量从小到大按 $2^{n-1}$ 的规律递增，就是 1、2、4、8、16、32、64 等，这是公比为 2 的几何级数。

在哈、摩两城的哈拉巴文化遗址中，发现了大量的骰子，有陶、石或象牙制作的三种。它们的形状有立方体，也有平板状的。平板状骰子四个侧面中仅三个侧面有点，分别是 1、2、3，与今天的骰子完全不同。立方体骰子的点的安排分两类：一类 1 与 2、3 与 4、5 与 6 相对，与今天的中国和欧洲的骰子的点的安排都不一样。另一类 1 与 6、2 与 5、3 与 4 相对，每对加起来都是 7 点，与今天欧洲的骰子一样，这也是达罗毗荼人与欧洲有关的旁证。中国的骰子是 1 与 5、2 与 4、3 与 6 相对。

**哈拉巴文化遗址出土的立方体骰子**

哈拉巴文化遗址出土的印章中，有的刻有竖琴和七弦琴等乐器，反映出当时达罗毗荼人在音乐上已发展到相当高的水平。

天文历法、度量衡器、骰子游戏、弦乐器以及建筑设计和器械制造的发展，也反映出古印度河流域居民在数学和物理学上积累了相当丰富的知识。因为这种发展必须具备一定的数理科学知识。

在吠陀时代，雅利安人后来在数学上取得不小的成就。例如公元前 800 年～前 500 年成书的《绳法经》记载这样一个题目：已知 A、B 两桩

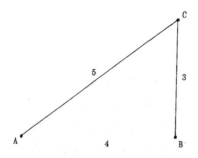

**作出一个直形三角形祭坛的**

**平面图**

相距 4 单位，给一条长 8 单位的绳子，请画出一个直角三角形，以便在那里造一个这种形状的祭坛。办法是：将绳子两端固定在 A、B 两桩上，用 C 桩将绳子拉紧，当 AC 和 CB 分别长 5 和 3 单位的时候，三角形 ABC 就是直角三角形。这实际上是直角三角形的勾股定理的一则特例。就是 $3^2+4^2=5^2$。中国的古代数学著作《周髀算经》记载公元前 12 世纪，殷末官员商高在周初曾经对当时的中国摄政周公姬旦提起过这个特例。

《绳法经》中还记载着这样一个问题：作一个圆形祭坛与给定的正方形祭坛面积相等。这个问题很难，它的逆问题后来成为数学上的著名问题：作一个正方形与给定的圆形面积相等。《绳法经》对自己提出来的问题给出近似解。

在吠陀时代之后，南亚次大陆也产生了朴素原子论。古印度筏驮摩那（增益）在公元前 6 世纪创立的耆那教认为，物质由原子复合体构成。相传古印度哲学家羯那陀在公元前 3 世纪～前 2 世纪创始的胜论学派认为每个原子复合体所包含的原子数是重数的阶乘，就是 n!（这里 n 是重数）；也就是说，1 重原子只有 1 个原子，2 重原子有 2 个原子，3 重原子有 $3×2=6$ 个原子，4 重原子有 $4×3×2=24$ 个原子……虽然这种原子论有点像数学游戏，但是它毕竟提出了物质由原子以多种方式构成的有价值的思想。

对于古南亚文明，我们也有七言律诗一首为评：

评古南亚文明

印度河边起文明，

可说世上高水平；

主人不晓守国术，

蛮族堪称宰人精；

摧毁一切青史断，

隔离种姓恶习兴；

后退一千五百载，

于今反响尚不宁。

　　古南亚达罗毗荼人在印度河流域创造的哈拉巴文化，水平是非常高的。富人居住砖砌楼房。人们很讲究卫生，拥有设备完善的公私浴室。而时间早在公元前 2500 年～前 1000 年，相当于中国高辛氏帝喾、陶唐氏帝尧、有虞氏帝舜、夏代和商代。雅利安人当初作为蛮族入侵者，在 1500 年间彻底摧毁了哈拉巴文化。在公元前 1000 年（相当中国西周初年），雅利安人才重建文明，在四大文明地区中变为后进。种姓制度的建立使社会陷于分裂，难以建立强大的统一国家，外御强敌，以致后来长期成为西方帝国主义的殖民地，岂是偶然！

# 美 洲 篇

　　这个出乎意料的纪念碑……使我们相信，我们所要寻找的东西是有趣的，不仅是一个未知民族的遗物，也是艺术品，证明……一度居住在美洲大陆上的民族并不是未开化的。

——约翰·劳埃德·史蒂文斯

　　关于美洲文明的进程，历来有许多的东西让人迷惑不解。它们的历史与其他大陆的历史有很多不同的地方，但又是联系在一起的。

　　美洲的人类出现得很晚。最早的人类出现在旧石器时代晚期，迄今尚未发现旧石器时代早期和中期的人类化石或文化遗物。美洲人类是从天上掉下来的吗？

　　据说，在3万～4万年前，亚洲与美洲（严格地说是北美洲）曾经是连在一起的。当时白令海峡只有30多米深，水面很低，因此露出了许多海底，形成了一片片陆地。人们把这些陆地称为"陆桥"。这"陆桥"大约存在于25000年～10000年前。在"陆桥"存在期间，当时蒙古人种的一支进入了北美，并在此定居下来。也有人推测，这些蒙古人是为了追猎古长毛象而追到了北美地区。

　　从美洲发现的人骨化石看出，早期人类的体质特征的确是很像蒙古人种，而石器之类的遗物也与亚洲文化的遗物有一定的共性，特别是美洲印第安人的语言也与汉藏语系有一定的关系。这都说明美洲与东亚的文化有一定的相似性。

　　当亚洲人到美洲的东北角后，大约在2万多年以前又进入了阿拉斯加地区。在阿拉斯加，他们分成了爱斯基摩人和印第安人，前者留在了当地，至今仍生活在北极地域，并且仍以狩猎为生；而后者则南下，在加拿大的冰川上开辟走廊（当时正处在最后一次的大冰期），逐步地向南发展，先后到达北美其他地区和中美、南美地区。在哥伦布发现美洲大陆时，中美和南美已进入文明的时代，在中美的墨西哥和南美的秘鲁地

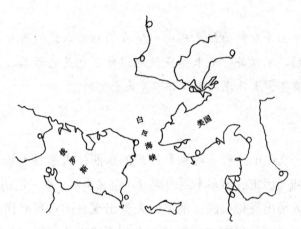

**蒙古人去美洲通过的"陆桥"（白令海峡）**

区分别建立了玛雅帝国和印加帝国。

哥伦布相信地圆说。过去，欧洲的商船要绕过非洲的南端好望角才能到达印度。由于地球是圆的，哥伦布相信，从欧洲出发向西也应存在抵达印度的航线。当他从欧洲出发向西，果然发现了一个大陆。他认为，这就是印度。因此，哥伦布把这里的人就叫做"印第安人"，意思是"印度的居民"。后来发现是错的。为了区别，我们把美洲大陆的土著居民称为"美洲印第安人"或"美洲人"。

美洲文明的进程是缓慢的，这大概与他们所处的封闭环境有关，但是由于长期的发展，美洲印第安人还是获得了很大的进步。特别是，为了适应当地的环境，他们创造的文化内容也是有所区别的。

## 美洲的特产

原产于美洲的农作物有玉米、蕃茄（即西红柿）、可可、马铃薯（即土豆）、辣椒、木薯、花生、白薯、苋、葫芦、香子兰、菜豆等等。像木薯已在热带地区广为栽种，花生也在许多国家扎根，像中国、印度、西非和美国都成为花生生产的基地了。

玉米是美洲最重要的农作物，特别是玛雅人最喜欢玉米。他们认为，人是玉米所造就的。现在玉米除用作饲料外，还是十分重要的轻工业和化学工业的原料。可可树生长在美洲的热带区域，人工栽培始于 3000 年前，可可豆曾在墨西哥当作货币使用。1502 年，哥伦布把可可豆带到西班牙，到 17 世纪中叶，可可饮料已流行全欧洲，现在成为世界三大饮料之一了。西红柿原产于南美，16 世纪初传到欧洲，现在也成为世界性的作物之一了。像波兰这样的国家，人口为 3800 万，但土豆产量为 3600 万吨，差不多人均 1 吨了。辣椒原产于墨西哥和中南美地区，15 世纪末传入西班牙，并再传到全欧，现在也成为世界性的调味品了。

烟草原产于南美和墨西哥地区，16 世纪传入西欧，进而传入全世界，现在也形成了一个重要的工业部门。橡胶原产墨西哥，并由西班牙人传到全世界，现在也成为重要的工业原料之一了。

此外，从美洲传出的水果有番荔枝、番石榴、洋麦、西番莲、仙人掌、黑胡桃、锷梨、曼密苹果、人心果等。美洲人驯化的野生动物有鸭、鸽、鹅和火鸡，并且养蜂。

# 玛雅人和印加人

在美洲的居民中，玛雅人和印加人具有一定的代表性，他们创造了发达的农业，并且创造了较高的科学和文化。

玛雅人的历史可以追溯到 8000 年以前，这是采集和狩猎的时期。到 4000 年以前产生了早期农业，最初是刀耕火种，后来也开辟出农田。生产工具以石器为主，并且有较高的加工石器的技术。手工业很发达，有建筑师、石匠、首饰匠、雕刻匠、木匠、缝纫匠和陶工等，建筑、雕刻和绘画也达到了很高的水平。公元初年，玛雅人创造了文字，并制定了

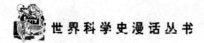

历法，计算也非常精确。

公元10世纪后，玛雅人内乱频繁，国势衰落下来。到16世纪中叶，玛雅人终于被西班牙人所征服。

印加国家的形成时期同玛雅国家的形成时期差不多，印加人活动在中南美的安第斯高原和太平洋沿岸地区。公元前10世纪以来，印加人产生了制陶、建筑，黄金加工业技术也是较为发达的。特别是建筑的发展，达到了很高的技术水平。

由于安第斯山区的峡谷地带岸崖陡峭，每当雨季来临时，山洪暴发，水土流失严重；而旱季时则又十分缺水。因此，为了进行农业生产，印加国家十分重视水利建设。国家派遣官员组织和监督建设水利工程，水道是由石板筑成，并按地形修造梯田。这样的灌溉系统和梯田，既可灌溉，又防止了水土流失，保证了印加人正常的农业生产。

印加的制陶业和织布业很发达。在冶金生产中，印加人已经能够利用铜和锡生产青铜及其用具。为了提高青铜产品的硬度，他们已经掌握了淬火和锻炼的技术。

总的来说，美洲文明的进程是很慢的，除了玛雅人和印加人之外，其他地区的居民仍保持较为原始的社会环境。因此，研究美洲印第安人的经济、科学和文化为其他地区的历史研究提供了佐证。著名人类学家摩尔根就依据北美地区印第安人的生活情况写出著名的《古代社会》，为研究古代社会提供了十分重要的资料。

美洲印第安人的资料很重要，因为世界多数国家（如我们国家）已跨越了几个文明的历程，远古时期的情况，除了一些文化遗址，主要是留下的一些传说。这为研究带来了许多困难。如果借助印第安人的材料就可以对古代文献的记载进行对比研究。事实也的确如此，印第安人的社会反映出人类发展中所共有的文化基因，往往可以看作是人类早期社会的缩影。这好像是，印第安人的时代被我们做了一个（时间）坐标的变换，这可以将我们古代社会的发展情况在现代社会中重新演示一番。

# 朴实的陶器，灿烂的文化

　　考古学上划分人类文明史有三个时期，即石器、铜器和铁器对应的时代。石器时代中后期的新石器时代有别于旧石器时代的标志就是磨制石器和陶器的出现。尽管磨制石器和陶器都作为标志，但二者的区别是巨大的。在石器诸多加工手段中，磨制方法是最好的，但石器仍是对天然材料——石料的加工。而陶器则不同，它是对非天然的——人造的材料加工而成的。因此，陶器出现之前是需要一定的技术准备的，如火的利用、磨制石器、加工木器、编织绳网、加工兽骨等技术都是极其重要的。

　　美洲的陶器出现很晚，约是公元前 2000 年。重要的陶器文化是美洲中部的玛雅文化和南部的印加文化。

　　玛雅文明的早期阶段已开始建造台庙，创造了象形文字，开始在天文和数学中采用一些符号。陶器中发现了一些陶制的动物和神像，以及一些美洲虎形象。到公元前 1 世纪时，特奥蒂瓦坎（印第安语意思是"神之都城"）成了一座著名的城市，它位于现在墨西哥城东北 48 千米处。这处文化遗址非常有名，它有 100 多处金字塔形的台庙和神祠，供奉着当地的各种神祇。金字塔最为有名的是"太阳金字塔"和"月亮金字塔"。建筑中的许多壁画还保存了下来，有着独特的艺术风格。特奥蒂瓦坎文化遗址出土的

**特奥蒂瓦坎陶器**

陶器均为手制，胎质为黄色，胎壁较薄，有的器身施有朱色彩绘。在塔欣文化遗址出土的艺术陶塑中，有一"笑面人"的陶塑风格独特。它的面部略有变形，但表情自然，笑容可掬，不失为一件优秀的作品。

"笑面人"陶塑

玛雅文化中，阿兹台克文化是很重要的一支。它是位于墨西哥北部和中部的阿兹台克人创造的。阿兹台克人制作的陶器很朴实，质地橙黄，绘制的纹样多为黑色。而位于墨西哥尤卡坦半岛中部的奇琴伊查遗址也出土了许多陶器，其精美程度不亚于当地建筑的名声。

印加帝国是一个庞大的帝国，它的疆域北起南哥伦比亚，南到智利，南北纵长 4000 千米，面积达 90 万平方千米。"印加"的意思是"太阳之子"。最初它只是秘鲁南部的一个部落，到 15 世纪，它竟发展成一个中央集权的奴隶制国家。印加文化同玛雅文化一样有名，是印第安文化的杰出代表。

在印加帝国中，制陶器是一个重要的手工业部门。印加的陶器文化主要是继承了莫奇卡文化，但也有自己的鲜明艺术风格。

莫奇卡的陶塑很多，其内容多为青蛙、鱼、鹿、鸟、猴、水果、蔬菜、小船、人物和房屋等，而人像最多。陶塑人像中有战士和俘虏，也有统治阶级的人物，塑造的形象十分生动。印加陶器中，装饰图案多为

玛雅后期的陶器

像松叶、三角形等几何纹样，几何纹样使用得很普遍。有趣的是，这里也出土了尖底瓶，它的器形为双耳小口。比起中国仰韶文化半坡遗址中的尖底瓶，其双耳位置还要低；但尖底较小，不像半坡的尖底那样突出。由印加尖底瓶看出，这时的尖底瓶比半坡的水平要高一些，特别是它的装饰图样是经过精心设计的，它的尖底瓶似乎只具有装饰作用，没有什么功能上的作用。

莫奇卡的头像　　　　尖底瓶

　　玛雅文化和印加文化都曾达到全盛时期，到了 16 世纪，它被西班牙殖民主义者所毁。

# 玛雅人的历法

　　玛雅人很注重天文观测，这是编制出精确的历法所需要的。玛雅人在他们的金字塔和台庙上就可以进行观测，他们从一座金字塔上向东方的庙台望去就是春分和秋分日出的方向，向东北方望去就是夏至日出的方向。

　　玛雅人对金星的观测尤为精确，他们知道金星的会合周期为 584 天，并且对它作了划分，即划分为 4 个阶段：晨见 236 天，伏 90 天；夕见 250 天，伏 8 天。他们还推算出 5 个金星的会合周期为 8 年。

　　19 世纪 30 年代，人们在洪都拉斯发现了一块刻满文饰的石碑，这块石碑高 3.9 米、宽 8.69 分米、厚 8.78 分米。这是一个高大的方柱，上面刻满了圆形和装饰图案。接着又发现了 14 座石碑，这的确是一个重大的发现。当时的考古学家斯蒂文斯认为，比起埃及的尼罗河流域的纪念碑，玛雅人的石碑图案更精美，其刻工可与埃及的纪念碑相媲美。然而，对于这些图案人们尚难以认读。

　　大家都知道，你如果碰到一个陌生的字，大概首先想到的是字典。可是认读玛雅人石碑上的图案和文字是没有字典的啊！

　　无巧不成书。在西班牙马德里皇家图书馆内，有一位读者细心地查阅政府的档案。他发现这里有一本《尤卡坦事物考证》的手稿，这是一位名叫兰达的大主教写的。这位主教曾到美洲传教，他将许多玛雅人的文档资料付之一炬。他认为，这些资料是魔鬼写的东西。然而，焚烧之后，他又为玛雅人灿烂的文化所吸引。他同一位玛雅的王公交了朋友，交谈之余，他写下了《尤卡坦事物考证》一书。这部书相当于一本玛雅语言的"字典"。这本"字典"在图书馆内沉睡了300年后，终于有了它的读者。

借助这本"字典"，专家们经过长时间的研究，终于破译了石碑上的图案。这些图案是表示日期和月份的图案文字。

用图案表示日期和月份的确有些美学的意义，这在别的文明地区是很少见的。人们可以从一个石人的面容上发现数字的意义，例如，面容上的线条不断重复和突然中断就表示某些特定的闰年、闰月、闰日。

从玛雅人的历法来看，这些历法同世界其他地区的历法极不相同。他们的时间单位是：

20金（即日）＝1乌纳尔（即月）

表示日期的文字（左）和表示月份的文字（右）

18 乌纳尔＝1 顿（即 360 日）

20 顿＝1 卡顿（7200 日）

20 卡顿＝1 白克顿（144000 日）

20 白克顿＝1 匹克顿（2880000 日）

20 匹克顿＝1 卡拉勃顿（57600000 日）

20 卡拉勃顿＝1 金切尔顿（1152000000 日）

20 金切尔顿＝1 阿劳顿（23040000000 日）

可见玛雅人用的数字是极大的，并且是 20 进位制。然而，这 20 个日期（21 个图案）并不是数字，而是文字，20 个数字又专有图案表示。值得注意的是，玛雅人使用了"0"这个数字，这在其他地区使用较晚。

0～19 的图案

前图中所表示的月份是 19 个月，这又是一种历法。从图中可以看到它们的名称，即

第一月　朴泼（Pop）

第二月　乌喔（Uo）

第三月　席泼（Zip）

第四月　佐子（Zotz'）

第五月　赞克（Tzec）

第六月　呼尔（Xul）

第七月　雅克斯金（Yaxlzin）

第八月　莫尔（Mol）

第九月　陈（Ch'en）

第十月　雅克司（Yax）

第十一月　闸克（Zac）

第十二月　开黑（Ceh）

第十三月　马克（Mac）

第十四月　干金（Kankin）

第十五月　磨安（Muan）

第十六月　派克司（Pax）

第十七月　卡雅勃（Kayab）

第十八月　科姆呼（Cumhu）

第十九月　歪也勃（Vayeb）

玛雅人的历法并不一定是尽善尽美的，但他们的计算精度确是很高的。我们知道，在公元前 238 年，托勒密三世修改古埃及历法，后来（公元前 46 年），儒略·恺撒采用修订的方案；到 1582 年，教皇格雷果里八世又进行了修改。把它们比较一下，从中可以看出玛雅人的水平了。

一回归年的长度为：

儒略历　　　　　　　　　　365.250000 天

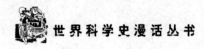
格雷果里历（现行公历）　　　365.24250 天

授时历（中国元代）　　　　　365.24250 天

玛雅历　　　　　　　　　　　365.242129 天

现代测定值　　　　　　　　　365.242198 天

# 玛雅文明消失之谜

玛雅文明在公元 8 世纪达到全盛时期，灿烂的文化足以与埃及、印度、中国和巴比伦文明相辉映。他们的数学和天文体系可以看作是人类智慧产生的最伟大的成就之一，特别是他们的历法成就远超过了儒略历，就连后来的格雷果里历和授时历也不及。百余座城市和许多金字塔是古代玛雅文明的遗迹，由此也足见其成就之大。然而，玛雅文明的突然中断却是始料不及的，尽管玛雅人的后裔尚有 200 万人。这些人为什么未能将这些文明继承下来呢？玛雅文明的突然消失形成了一个巨大的谜团。关于这个谜团，人们做了许多猜测性解释。

许多人认为，玛雅人可能是金星上的"人类"。他们可能是由于金星的环境不适宜"人"的居住而迁往地球。因此，到了地球之后，他们对于原来的祖国仍是一往情深，他们建立了天文台对金星进行周密的观测。从他们观测的数据来看，他们对金星的观测非常准确。此外，玛雅人有一种历法是，每年 13 个月，每月 20 天，这个历法可能适宜于金星，金星一年是 225 个地球日。而到了地球，地球上一年为 365 日，因此，他们的历法是每年 19 个月，不过，有 18 个月是每月 20 天，而第 19 个月是 5 天。看样子他们保留了金星上的习惯。

尤卡坦半岛的玛雅人

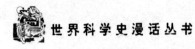

这样说来，玛雅人是"外星人"了。这种说法或许可以解释玛雅人同别的文明古国的不同。古代埃及、巴比伦、印度和中国的人类都是临水而居，江河流域是古人类的摇篮。而玛雅人则不同，他们的基地不是建在水边，而是建在草木丛生、疾病横行的雨林之中。这大概是因为这些"外星人"不愿与人类接触的缘故，所以只得"隐居"起来。

玛雅人的许多行为都可解释为"外星人"的行为。比如，他们建造金字塔除了天文观测，主要是贮藏物品。把埃及人与玛雅人的金字塔相比较，发现越古老的金字塔外形就越相近，因此，埃及的金字塔也可能是玛雅人建立的。另一个理由是，从埃及"纸草"书上发现，埃及人的数学是较差的，而金字塔的数据都与天文有关，那么数学较差的埃及人怎么能胜任这些计算呢？

萨卡拉地方的一座阶梯形的金字塔，它被认为是埃及境内最古老的一座。　　在吉城-伊察的一座"完全"玛雅型的金字塔

**埃及的金字塔（左）和玛雅的金字塔（右）**

由于玛雅人是"外星人"，他们可能在许多星球上生活过，甚至他们在"X行星"上呆过。所谓"X行星"就是在木星与火星之间的一颗大行星（说起来太阳系应是"十大行星"）。但是"X行星"并未被观测到，经过200年的观测，人们只是在"X行星"的轨道附近看到了一群小行星，估计有2万颗。小行星带是怎么形成的呢？一般的说法是，可能是行星的碰撞造成的。但是，也有人猜测，这颗行星原来为玛雅人的祖先居住着。他们摆弄类似核弹的爆炸装置，不小心引爆了，把"X行星"炸成许多碎片。甚至玛雅人中间还有传说，在美洲的密林深处隐藏着爆炸物的配方。

外星人只能乘坐航天器来到地球，这在玛雅人的雕刻中找到证据，从下页的这幅图中可以看到，这些"外星人"是多么聚精会神地操纵航天器啊！

操纵航天器的"外星人"（局部）

上面的这些说法非常有趣，由于它夹杂着大量的猜测，看上去也有许多荒唐的东西。其实类似的说法还有很多，说起来意义并不大，因为它们毕竟是猜测。然而，有些人是不同意这些说法的，这些人把这些看上去像是拼凑起来的东西比喻成小孩玩的"七巧板"。然而，事实上，玛雅的文明毕竟是消失了，原因尚且不知，人们只能用这种类似"七巧板"的游戏去拼出它的答案。尽管是在拼凑，却并非毫无意义，但这个谜团还有待于解开。

# 易洛魁人的生活

　　欧洲人在 17 世纪到美洲进行殖民开发时，生活在北方的易洛魁人尚处在母系氏族的社会时期。由于没有金属工具，他们只能使用石器、木器、贝器和骨角器。因此，农业生产水平很低。又由于他们不施用肥料，当地力耗尽时，他们又迁居到新的地方去开垦土地。他们开垦土地的办法类似于中国的"烈山氏"，放火烧荒。

　　易洛魁人除了玉米外还种植土豆、胡萝卜、豌豆、南瓜、葫芦等蔬菜，以及大麻、烟草和向日葵等，此外还饲养狗和家畜。易洛魁人的生产活动还包括采集，许多浆果、块根植物都是他们的采集对象。

　　渔猎活动是重要的生产活动。狩猎的主要武器是弓箭，易洛魁人对箭矢做了很大的改进，在箭杆上装了石制箭头或骨角箭头。为了箭矢飞行的稳定性，他们在箭上装了羽毛。由于箭弓有 1.5 米左右，而箭长近 1 米，箭可以射至很远的地方。又由于箭的力量很强，它们可以穿透猎物（也包括作战时的敌人）的头颅。春夏时节，易洛魁人常到河里捕鱼，他们用的是鱼叉，也用弓箭射杀，并且使用了渔网。

　　易洛魁人不会缝制衣物，身体围穿着鹿皮。为了御寒的需要，易洛魁人对鞣制鹿皮的技术进行了长期的摸索。这使他们的鞣制技术很出色，鞣制的鹿皮很好。

　　易洛魁人还有很好的编制技术，可利用树皮、皮条、稻草和毛发，把它们编成背带、绳索、篮筐和网袋，用它捆绑各种承受负载的架子。

他们还可以用麻类纤维编织渔网，但是纺线时，他们不用纺锤，而是在腿上搓成细绳。

**易洛魁人的编制品**

由于生产和产品彼此交换的需要，易洛魁人也要搞运输，他们的运输工具主要是雪撬和船。前者用于陆地，后者用于水上，船主要是独木舟和树皮船，最多可载 20 人或两吨左右的货物。

易洛魁人的农业主要是妇女来经营。妇女们从事采集的工作，时间一长，由于她们注意植物的生长规律，便逐渐掌握了种植的基本技术，使原始人类步入初期的农业阶段。易洛魁人的农业活动是以妇女为中心的，负责管理工作，是一位精力充沛和经验丰富的妇女。随着农业技术的不断进步，使锄耕作业逐渐过渡到犁耕技术，才逐步由男子来承担。

从易洛魁人的生活，我们还可以看到，母系氏族社会中，妇女除了参加和主持农业劳动之外，她们还要承担各种家务工作，如照顾孩子、烹饪食物、制作陶器、制作衣物、编织工作、采集食物和燃料、制作干鱼和兽肉、运输工作。由此可见，她们在部落工作中居于领导地位是完全合理的。

总的来说，易洛魁人的生产是很原始的，对大自然进行改造，他们必须采取共同劳动，各种工具甚至生活用具也是共用的，对很少的劳动产品的分配也是公平的。

易洛魁人的住所是一种"长屋"，每一个村落通常都有一所或几所"长屋"，其中为一母系大家族居住。"长屋"中间有一条宽约 2 米的过道，在过道内设有炉灶，每两个炉灶间有 5 米～6 米的距离。过道每侧的空间被分隔成一间间小屋供人们居住，用树皮板隔开。每间小屋为 8 平方米左右。"长屋"的大小通常是根据居住人员的多少来确定，一般都有几十米长。每一所"长屋"都由一名年长的妇女来掌管，她负责所有成员的起居饮食。每一名成员都会得到一份食物，通常是先分给男人，后分给妇女和儿童。

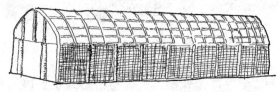

**易洛魁人的"长屋"**

易洛魁人非常好客，客人来到"长屋"都会得到盛情款待，甚至陌生人来到"长屋"也会受到接待，并且可以不收酬金而提供居处和食物。

遗憾的是，殖民主义者来到美洲，包括易洛魁人在内的印第安人遭到了无穷的灾难。以易洛魁人为例，17 世纪时他们有 25000 人左右，而到 20 世纪 40 年代仅剩 18000 人左右，而且被迁移到美国和加拿大的 10 余个指定的居留地内。

尽管如此，易洛魁人的生活还是受到一些人的注意。有一位名叫路易斯·亨利·摩尔根的人，很熟悉易洛魁人的生活习惯，后来他大学毕业后当了律师。由于他同情印第安人的命运，经常为印第安人辩护，为此受到易洛魁部落印第安人的热爱。1847 年，29 岁的摩尔根被易洛魁人收为养子，成为部落的一员。经过 40 年左右的观察和研究，摩尔根终于于 1877 年完成了《古代社会》这一名著。

此书对原始社会的真实情况和基本特征作了详尽的记述。此书一出

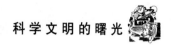

版立刻受到马克思和恩格斯的注意，他们十分喜欢这部书。马克思不仅认真阅读了此书，而且做了笔记。

对于美洲文明的发展，我们只是做了简要的记述，有七言律诗一首为评：

评美洲文明

亚美相离隔海望，
当年陆地似桥开。
蕃茄味美花生好，
可可清香玉米栽。
易洛魁人真好客，
哥伦布氏殖民来。
印加破坏谁责任，
玛雅消失究可哀。

对比世界各地区的文明发展，美洲文明的结局最为悲惨。根据墨西哥流传的一个古老的传说，印第安神奎查尔科特尔（意思是"羽毛蛇"）是从"日出之地"而来。他身着白袍，并且同不留胡须的印第安人不一

天神奎查尔科特尔

**天神天来**

样，留着胡须。他教会了百姓各种生活的本领和生产的技艺，并制定了贤明的法律。在他所缔造的国家中，谷穗长得像人一样大，棉花也显得五彩斑斓。后来，天神远离而去，尽管百姓对他十分留恋。也有人说，天神自焚了，自焚后升天成了启明星。天神留下了话，他还要回来。16世纪，西班牙人来了，印第安人满心欢喜，以为天神的使者来了。然而，他们错了，西班牙人烧杀抢掠，干尽了坏事。印第安人看清楚殖民主义者的嘴脸后，美洲文明已被毁灭了。

# 东亚篇

神农氏时代结束了，黄帝、尧、舜的时代接着兴起。他们能够变困境为坦途，领导着人民不倦地奋斗下去。

——译自《周易·系辞》

世界上第四个最古老的文明中心是东亚，也就是中国和她的一些周边国家。北非文明是欧罗巴人种（可能还有尼格罗人种）诸部族创造的，西亚文明也是欧罗巴人种（可能还有蒙古人种）诸部族创造的，南亚文明是欧罗巴、澳大利亚和蒙古三大人种诸部族创造的，而东亚文明是蒙古人种诸部族创造的。东亚是蒙古人种的发祥地，这里生活着蒙古人种绝大多数类型的人。东亚人讲的话基本上属于蒙古人种中流行最广的汉藏、阿尔泰、南亚和南岛四大语系。

东亚这块热土，在公元前 10000 年进入新石器时代。人们常说的"中国是五千年文明古国"，昭示了东亚文明创始于公元前 3000 多年，正是炎、黄两帝之际，与北非、西亚和南亚三大古老文明的创始时间相当。值得注意的是，这三种古老文明都曾出现过严重的断层，在一个不短的时期中，历史中断，部族改换，文明面目全非。唯独东亚文明是五千年连绵不断，源远流长的。

正像尼罗河哺育了埃及文明，幼发拉底和底格里斯两河流域哺育了巴比伦文明，印度河和恒河哺育了印度——巴基斯坦——孟加拉文明一样，黄河和长江（还有北边的乌苏里江和南边的珠江等）哺育了中国文明。在世界四大古老文明中，以东亚的天地最为广阔，人口最为众多。

在漫长的中国历史上，最早试图充当华夏领袖的大概是东夷伏羲氏部族首领太昊。太昊被古文献说成是"三皇之首"，也就是最早的华夏君主。伏羲氏是一个十分古老的部族，大约在旧石器时代晚期（距今 4 万年～1.2 万年）发祥于山东的西南部，活跃于黄河与淮河之间，以渔猎业发达著称。古文献将伏羲氏描写成教民渔猎的圣人。在伏羲氏后期，大约在新石器时代中期（公元前 7000 年～前 5000 年）吧，产生了首领太昊。东夷人生活在黄海及渤海之滨，崇拜太阳，把自己的首领称为"昊"（天上的太阳），就像华夏人把自己的首领称为"帝"一样。"太昊"就是"正午的太阳"的意思。它是东夷早期首领的称号，不是一位具体的首领，而是长达数百年的一个时期内的首领称号，就像俄罗斯帝制时期将皇帝称为"沙皇"那样。太昊时代东夷也有农牧业。那时的伏羲氏大概是一个渔猎业相当发达的强大的农牧部族，他们往河南的东南部发展。太昊定都淮阳，建立起规模空前的部族联盟，不仅对东夷人，而且对周边的华夏人，也有很大影响。太昊姓风，以龙为图腾。在古文献上，对龙的崇拜是从太昊开始的。后来，大约由于周边的华夏人农牧业大大发展起来，势力超过东夷，太昊被迫撤回山东。

在古文献上，继太昊之后企图建立强大的华夏国家的是神农氏炎帝。神农氏原是发祥于陕西、甘肃间的渭河支流古姜水一带的西羌部族，农牧业很发达，被古文献描写为创制原始农具耒（lěi）耜（sì）、教民耕作的圣人。神农氏逐渐向东发展，与原住的土著华夏人融合（夏就是中原人的意思），成为一个华夏部族集团。古文献说，神农氏持续了 70 代。公元前 5000 年～前 3000 年分布在黄河中游和中原的一种非常重要的考古文化——仰韶文化［以最早发现于河南渑（miǎn）池县仰韶村而得名］，大概就是以神农氏为代表的华夏先民所创造的。据古文献记载，在神农氏后期 500 年间，产生了华夏领袖炎帝。炎帝是华夏领袖的称号，像太昊是东夷领袖那样，也持续了若干世代。因为神农氏发祥于古姜水，所以炎帝姓姜。又因为神农氏实行刀耕火种，崇拜火，所以炎帝以火为图腾。为了建立强大的华夏国家，炎帝不断东征，从东夷人手里夺取太昊故墟为首都。这时东夷是以金天氏少昊为领袖。少昊与太昊一样是一个时期内东夷首领的称号，少昊的意思是"朝阳"。少昊持续的时间很长。不少史学家相信，公元前 4300 年～前 2500 年间分布在山东、苏北、辽东一带的大汶口文化（以它的典型遗址泰安市大汶口命名），是以金天氏为代表的东夷人创造的。大汶口文化的居民比仰韶文化的居民要富裕一些。少昊姓嬴，以鸟为图腾，因为鸟是农民的朋友，它们的迁徙、繁殖就是物候。少昊以山东曲阜市为首府，少昊所属的部落五鸟氏无疑也居住在曲阜一带。炎帝继续东侵，击败少昊，夺取曲阜为新都。这时炎帝统治黄河中下游，势力及于长江中游，华夏国家的规模初具。但是，东夷人的反抗在增强。以司马（军事领袖）蚩尤为首的东夷人，在山东的淄博市一带起兵反抗。蚩尤大约就是五鸠氏部落中担任司马的鸤鸠氏的谐音。在古文献中，蚩尤被称为"兵主"，是十分英勇善战的。蚩尤率领夷兵击败炎帝，收复了曲阜。

炎帝北撤逼近黄帝首府河北涿鹿县，与黄帝发生军事冲突。大战三场，炎帝战败，被迫与黄帝结盟，并由黄帝取代炎帝为华夏君主。据说黄帝与炎帝同源，也来自陕、甘渭河流域，不过要晚得多。相传黄帝生于寿丘（曲阜市东北3千米），长于姬水（恐怕实际上是济水）。后来往北发展，与原住的北狄人融合，成为北狄部族轩辕氏。因为长于姬水，所以黄帝姓姬。大气环流的规律命定黄河流域和华北是少雨缺水的，农民经常怀着"大旱望云霓"的心情。因此黄帝以云为图腾。

蚩尤继续北伐，再度击败炎帝，并追击到涿鹿郊外，炎帝求助于黄帝。黄帝本身的安全受到威胁，就毅然按盟约出兵，击败并擒杀蚩尤。黄帝率军南下，消灭蚩尤集团，并请少昊重新出来统治东夷，自己西迁，定都河南新郑县，建立起强大的华夏国家。据说黄帝时代持续了10代，共300年。继承黄帝的是高阳氏部族的帝颛顼（zhuān xū），相传帝颛顼也持续了9代。就在这时，条件成熟，水到渠成，帝颛顼统一接管华、夷，使东夷人进入华夏序列。

在新石器时代中期（公元前7000年～前5000年），中国北从内蒙古东南部和辽宁西部，黄河中下游，南到长江中游，农牧业生产有很大的发展。这就是太昊的传说产生的背景。但是，华夏国家的具体缔造是从炎、黄两帝开始的。

公元前 3500 年中国进入铜石并用时代，这也是炎帝时代的开始。公元前 3000 年在河南和江南都出现了犁耕，农业生产技术大大提高，解放出来的劳动力又保证了桑蚕丝绸业的发展，这也是黄帝时代之初。

公元前 2600 年，中国进入青铜时代，社会生产力有更大的提高。此时帝颛顼在位，实行华、夷合并。继帝颛顼之后的朝代依次是：高辛氏帝喾（kù，据说持续了 10 代）、陶唐氏帝尧（在位 101 年，显然也持续了不止一代）和有虞氏帝舜（在位 50 年）。

在原始社会末期，中国也实行过军事民主制：若干部落结成联盟，由各部落的代表组成联盟议事会推选联盟领袖，决定战争与和平等联盟大事。由部落联盟选举领袖，在中国有一个特殊名称——"禅让"。到了炎、黄、尧、舜时代，虽然保留了禅让制度的某些形式，例如由结盟的诸方国首领推选华夏君主，但是这种制度的实质已经遭到严重破坏，华夏王位的继承往往通过武力抢班夺权来实现。例如，联盟议事会推选有虞氏部族的舜为华夏副帝，来辅佐陶唐氏的帝尧。后来帝尧的儿子丹朱想继承帝位，已经自称"帝丹朱"。帝舜立即将帝尧囚禁在平阳（今山西临汾市西南），并且将丹朱流放到与三苗拉锯的丹水（故城在今河南淅川县丹水之北），将他们父子隔离起来。之后联盟议事会推选夏后氏的禹为华夏副帝辅佐帝舜后，大禹利用与舜一起南征三苗直到湖南的机会，军权在手，在前线抢班夺权，自立为正帝。

帝禹死后，他的儿子启继承帝位。联盟议事会推选出来的帝位合法继承人伯益逮捕启，将他囚禁起来。启的党羽起来反攻，杀害了伯益。启就登基为帝，建立了夏朝。大禹和他儿子启彻底摧毁军事民主制，开创了君主世袭的传统。这个传统影响中国近 4000 年，直到 1911 年最后一个封建王朝——清朝被推翻。

夏朝持续约 431 年，被成汤攻灭。成汤建立了商朝，商朝持续了大约 496 年，被周武王姬发攻灭。姬发建立了周朝，周朝持续了 789 年。周朝分东周、西周。西周持续约 274 年，被犬戎部族攻灭。东周大约持续了 515 年，被秦昭襄王攻灭。东周又分春秋（公元前 770 年～前 476 年）和战国（公元前 475 年～前 221 年）两个时期。

从炎黄之际到春秋，奴隶制在中国持续了大致 2500 多年之久。在西周中期，中国掌握了块炼铁技术。到春秋时期，至迟在公元前 6 世纪，中国在世界上一马当先发明了铸铁（生铁）冶炼技术，比欧洲要早 1900 多年。铸铁冶炼比块炼法省工省时，生产效率高，为铁器的普及打下了基础。铸铁冶炼，再加上熟铁块渗碳制钢（春秋晚期出现）和铸铁柔化术（战国早期），这三大发明使中国一跃而为世界第一钢铁之邦。兵器钢铁化大大加强了国防力量，这是中国长期保持国家统一的物质基础之一。工具钢铁化大大提高了手工业生产水平。农具钢铁化不仅提高了农业生产水平，而且为中国于战国时代成为世界上第一个进入封建社会的国家打下了物质基础。

东亚文明于 5000 年前产生以后，没有一种力量能够将它摧毁，它绵延不断。在炎黄到夏、商、周三代，一般都加以继承和发展，它传播的地域越来越广，受它影响的人群越来越多，这是不争的事实。今天，东亚又是世界上发展最为迅速的地区，人民生活越来越富裕。人们不禁热衷于追溯当今东亚大发展的历史根源，于是东亚古老文明也越来越受到世人的关注。正如我们在本篇开头援引的那段名言指出的，东亚人自古以来极其善于变困境为坦途，坚持不懈地艰苦奋斗下去，直到取得成功和胜利。这恐怕是东亚人精神的要点之一。

在世界四大文明中心之中，世人（特别是西方人）由于历史和地理的原因，一般比较了解北非和西亚，或许对南亚也略知一二，而对东亚就所知甚少了；而今天这里又是人们注意的焦点，特别有必要通过各种媒体，促进人们加深对东亚文明的认识。

本篇主要讲述中国奴隶制时代的科技故事。但是只从炎黄讲到西周。东周的春秋也是奴隶社会，我们将它放到本丛书之一的《两大世界科学高峰》与战国时代一起讲，因为春秋与战国不仅不可分割地联系在一起，而且二者有很大的共性。

# 龙的传人的奥秘

## "三皇之首"伏羲氏太昊

今天全世界的华人都认同为"龙的传人"。不论他们是国内公民，还是异域华侨和外籍华人，莫不如此。这反映出华人对中国悠久的文明史感到无比自豪和彼此间血浓于水的强大凝聚力。

这要从跨越新旧石器时代的东亚最早崭露头角的部族伏羲氏讲起，因为它的后期产生了领袖太昊，首先以龙为图腾。

伏羲氏是东夷人，活跃在黄、淮两河间的山东、河南、江苏、安徽一带，以擅长渔猎著称。"夷"字由部首"大"和偏旁"弓"构成，说明夷人是善于张弓射猎的大个子部族人。事实上，在当时中国各部族中，东夷人的身材的确是相当高的[①]。到了新石器时代中期，夷人也顺应潮流搞起农耕和畜牧来。不过，在他们的经济中，渔猎业恐怕占居相当大的比例。大约就在这时，伏羲氏的大酋长当上了东夷领袖，号称

---

① 伏羲氏之后的东夷金天氏，创造了大汶口文化（公元前 4300 年～前 2500 年）。它的时代与华夏神农氏创造的仰韶文化（公元前 5000 年～前 3000 年）相及而略晚。考古学家测定了这两种考古文化遗址中的男子骨化石高度，发现东夷人男子平均高度是 1.72 米，而华夏人男子平均高度才 1.68 米。

"太昊"。太昊从发祥地鲁西南一带再向西南扩展，以河南淮阳县为首都。1988年～1990年，考古学家们在山东淄博市临淄（辛店）东北7.2千米的后李官庄村西北，发现了一种考古文化叫"后李文化"（公元前6000年～前5300年）。它有可能是太昊时代的东灵人所创造。大凡善于射猎的部族战斗力都很强，太昊在黄淮间称雄一时。大概是太昊时代，东夷人的农牧业发展落后于中原的华夏人，因而在华夏人的压力下撤回山东。东夷人另迭也是姓风的伯牛氏有济，接替伏羲氏太昊为领袖。最早发现于山东滕县北辛的考古文化——北辛文化（公元前5300年～前4100年），有可能是有济时代的东夷人所创造。太昊和有济应当都是实有的。直到春秋时期，山东还有任、宿、须句、颛臾（zhuānyú）四个姓风的附庸小国，奉太昊和有济为直系祖先，定期祭祀。

太昊对华夏人有很大的影响。早在仰韶时代，华夏人就在河南巩义市洛口村建立伏羲台，表示对伏羲氏和太昊的敬仰。淮阳至今留有太昊伏羲陵庙。它南枕蔡河，西临烟波浩渺的万亩诚湖，坐北朝南，金碧辉煌，古槐森森，松柏叠翠，殿宇巍峨，宏伟壮观。春秋时期这里已经建有陵，庙的始建也在汉代以前。后世不断加以修缮和重建，才有今天的规模。每年农历二月二到三月三，这里都有热闹非凡的庙会，河南、安徽、江苏、山东以及湖广一带的民众，纷纷赶来，虔诚地祭拜伏羲氏太昊。

淮阳的太昊伏羲陵午朝门

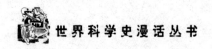
# 龙的原形动物扬子鳄

　　根据古脊椎动物学家研究，太昊的图腾——龙的原形动物，是中国一种特有的鳄类叫扬子鳄，由于它今天仅分布在长江（扬子江）中下游的江苏、浙江、安徽、江西四省而得名。它又叫鼍，在产地土名叫"猪婆龙"。与同属鳄类的湾鳄（就是人们平常说的鳄鱼）相比，扬子鳄简直是小弟弟。不过它的身长也有 2 米左右，体重达到 50 千克上下。它不像湾鳄那样凶残地袭击人畜，主要以鱼类、蛙类、水禽和老鼠为食。它的肉味道鲜美，皮可以制革蒙鼓，这给它招致杀身之祸。今天扬子鳄的野生种群十分稀少，已经濒临灭绝，珍贵的程度不亚于大熊猫。一般只能在动物园里一睹它的风采。幸好国家已将它列为一类保护动物，严禁捕猎，并且开始用现代科学方法进行人工养殖，甚至北方也建起相当规模的扬子鳄养殖场。

　　在上古时代，扬子鳄曾经遍布长江、淮河、黄河、济水四渎。伏羲氏祖祖辈辈渔猎于黄淮间，有较多的机会与扬子鳄打交道。太昊就将它作为图腾来崇拜。所谓图腾就是将某种东西（多数是动物）作为假想的祖先来崇拜。人们起初将扬子鳄称为龙，将它作为图腾后，逐渐将具体的扬子鳄改称为鼍。

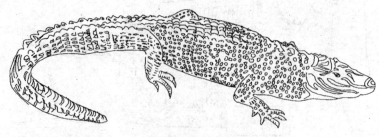

龙的原形动物扬子鳄

由于伏羲氏太昊被尊奉为"三皇之首"（华夏最早的君主），很有威望，影响很大。太昊以龙为图腾，就在各部族掀起了崇拜龙的风尚。各部族都有自己的图腾动物或喜爱的吉祥动物。他们在创作龙的艺术形象之时，就自然而然地把这些动物的形象融合到龙身上去。于是，龙就演变成九像九不像的尊容：角像鹿不是鹿，头像骆驼不是骆驼，脖子像蛇不是蛇，肚子像大蚌不是大蚌，鳞像鲤鱼不是鲤鱼，爪子像老鹰不是老鹰，掌像老虎不是老虎，耳朵像牛不是牛，嘴、腿和尾巴像鳄类不是鳄类。世间不可能有这样古怪的动物。

# 古北狄人的挑战

考古学家们发现了公元前 6000 年～前 5000 年，分布在辽宁阜新市阜新县查海的兴隆洼文化聚落遗址（这种考古文化以最早发现于内蒙古敖汉旗兴隆洼而命名）。在它的中心清理出一条用褐色石块摆塑的龙，身长 19.7 米，还发现龙纹陶片。兴隆洼文化主要分布在西辽河和大凌河流域。这条巨龙和龙纹陶片的发现，应当重新考虑，辽宁西部当时是否也有扬子鳄。据著名古脊椎和古人类专家贾兰坡说，在地质年代全新世中期（距今 8000 年～2500 年）是全新世的高温时期，当时华北的年平均气温比现在高得多，阔叶林的植物群落向北扩展，曾分布到现在的蒙古高原。又有专家说：根据植物孢粉分析，距今 7500 年～5000 年，我国平均气温比现在高 2℃～3℃，降水量比现在多 500 毫米～600 毫米。当时北方有扬子鳄，并非不可想象。

在查海遗址，几乎每间房址都有猪骨出土。可见当时这里的北狄先民非常重视养猪。他们自然而然地将猪的形象融合到龙身上去。新石器时代晚期和铜石并用时代前半期的红山文化（以 1935 年首次发现于内蒙古赤峰市红山而得名）是继承兴隆洼文化的。辽宁凌源市和建平县交界

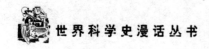

的牛梁河红山文化遗址（距今 5500 多年），发现了泥塑猪龙一件和猪龙形玉饰两件。内蒙古翁牛特旗二星他拉村红山文化遗址（距今 5000 年以上），也发现一件墨绿色玉猪龙，它的头部形同猪头。

查海遗址出土的石堆巨龙，是中国迄今发现的年代最早、形体最大的龙。这样就使太昊最早以龙为图腾的说法面临挑战。假定太昊确凿是后李文化的创造者，那么太昊是与兴隆洼文化的北狄人同时以龙为图腾的。古文献没有记载当时的北狄人以龙为图腾；但是有考古文化出土的龙造像证明他们是以龙为图腾的。古文献记载太昊以龙为图腾，但是却没有出土文物为证。

华夏人很早就崇拜龙，既有古文献记载，也有仰韶文化出土文物为证。最早的龙造像当推陕西西安市半坡遗址出土的陶壶龙纹，距今 6790 年～6120 年间。其次是甘肃武山县石岭下遗址出土的人面龙纹陶瓶。再次是河南濮阳市西水坡遗址出土的蚌壳摆塑龙，距今 6340 年～6135 年间。

浙江的古扬越人和山东的古东夷人都捕食扬子鳄。在余姚市河姆渡遗址以及山东滕县北辛等大汶口文化遗址，相继出土过扬子鳄遗骸。古扬越人有龙造像。浙江余杭县雉山村反山良渚文化遗址（距今 5000 年～4800 年）和下溪湾村瑶山良渚文化遗址（年代约与反山遗址相当或稍早），都发现了许多龙首纹玉器。

由此可见，大约至晚从距今 8000 年开始，北狄人和东夷人就以龙为图腾。华夏人和扬越人也很早就接受对龙的崇拜。后来中华各族几乎一概自认为"龙的传人"。龙象征着中华各族源远流长，具有共同的祖先。龙成了一种坚强的历史纽带，把世上的华人紧密地联结在一起。龙是中华各族永恒的吉祥物，它象征着我们民族的奋进精神和灵活性，天大的困难也能克服，能飞黄腾达，创造出新中国更加光辉灿烂的明天。

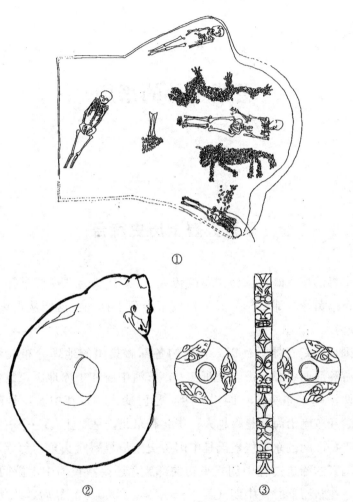

中国远古各部族的龙造像：①古华夏人的蚌壳摆朔龙
（河南濮阳市西水坡仰韶文化遗址出土）；②古北狄人的
猪龙形玉饰（辽宁凌源市建平县牛梁河红山文化遗址出
土）；③古百越人玉器上的龙首纹（浙江余杭县瑶山良渚
文化遗址出土）。

# 炎黄子孙的来历

## 华夏人登上历史舞台

全世界的华人既自认为"龙的传人"，又自认为"炎黄子孙"。炎指炎帝，黄指黄帝。那么华人又怎样成了炎黄子孙呢？这要从古华夏人的形成说起。

中国步入新石器时代以来，她的各部族集团的地理分布大致已定：黄河上游和河西走廊一带，是西羌人；黄河中游和中原地区，是华夏人；黄、淮两河间是东夷人；四川一带，是巴蜀人；长江中游，是苗蛮人；长江下游和东南沿海，是百越人；华北和东北，是北狄人；……

尽管黄淮间的东夷伏羲氏是中国历史上最早崭露头角的部族，可是，在华夏国家的缔造过程中创立头功的部族，还要数黄河中上游间的西羌神农氏。在新石器时代中期（距今 9000 年～7000 年）靠后，北狄人、华夏人、西羌人、苗蛮人都发展出相当兴盛的农牧文化，尤其是中原的河南、河北的华夏人达到的水平更高，那就是考古学上的磁山——裴李岗文化①（距今 8300 年～7100 年）。接着在陕西、甘肃间的渭河流域，兴起

---

① 磁山文化以最早发现于河北武安市磁山而得名。裴李岗文化以最早发现于河南新郑县裴李岗而得名。

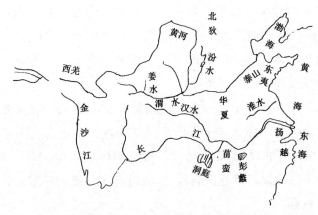

**新石器时代中国各部族集团的分布**

了西羌神农氏，他以善于摆弄庄稼而得名。又由于发祥于渭河支流古姜水（在陕西扶风县东南一带）而得姓为姜。中国现代最著名的史学家之一郭沫若说："姜老羌也。"这说明神农氏原是西羌人。随着农牧业的发展，他们逐渐东进，与原住的华夏人融合起来，形成一个华夏部族集团，并且像雪球一样越滚越大。他们以黄河中游和中原为中心，创造出影响极大的著名的仰韶文化（公元前5000年～前3000年）。相传神农氏总共传了170代，与仰韶文化的2000年是大致相当的。

在神农氏后期，他的大酋长当上了华夏君主，号称"炎帝"，从东夷人手中夺取太昊故墟河南淮阳县。相传炎帝时代持续了500年，该是在仰韶文化最后的公元前30世纪～前25世纪。炎帝刀耕火种，火又是炊事、烧陶和冶金的能源，因此以火为图腾。

## 东夷人振兴建国

这时在黄河中下游出现了三个强大的部族集团：一个就是神农氏炎帝集团；另一个是东夷的金天氏少昊集团；还有一个是北狄的轩辕氏黄

帝集团。少昊的首府在山东曲阜市；黄帝的首府在河北涿鹿县。公元前3000年左右，这三个集团都已经发展成国家或方国。三方都在向外扩展，力图征服周边的诸部族，以建成强大的华夏国家，这就不免发生军事冲突，以致酿成长期惨烈的三角战争。

到了新石器时代晚期，一直以渔猎驰名的东夷人，后来者居上大大振兴起农牧业和手工业来。金天氏少昊在取代伯牛氏有济为东夷领袖之后，创造了高水平的大汶口文化（公元前4300年～前2500年，以它有代表性的泰安市大汶口遗址命名），生活过得比华夏人还富裕，成了炎帝的主要攻击目标。

东夷金天氏集团由五鸟氏、五鸠氏、五雉氏和九扈氏四个子部族组成。这四个子部族的始祖分别叫"重"、"该"、"修"、"熙"，对集团的事务有不同的分工：

（1）五鸟氏：原先就住在曲阜一带。五鸟氏是：凤鸟氏、玄鸟氏、伯劳氏、青鸟氏和丹鸟氏。这个部主管天文历法工作，好像是东夷人中的祭司阶层，政治地位最高，古汉语"凤"与"风"通，凤鸟氏可能是姓风的太昊和有济的直系后裔。历代少昊很可能主要来自凤鸟氏。

（2）五鸠氏：大约居住在淄博市一带，主管军政大权，很有势力，政治地位仅次于五鸟氏。五鸠氏是祝鸠氏、鴡鸠氏、鳲鸠氏、爽鸠氏、鹘鸠氏。具体分工是：祝鸠氏担任司徒（主管征发劳役，兼管田地耕作），鴡鸠氏担任司马（掌管军政和军赋，常统率军队出征），鳲鸠氏担任司空（主管土地，兼管土木等建筑工程），爽鸠氏担任司寇（掌管刑狱），鹘鸠氏担任司事（司吏，掌管官吏的任免、升降）。司马就是原始社会的军事首领，地位仅次于部落或部落联盟领袖，发生战争之时，他统率部队出征。历史上著名的蚩尤，可能就是鴡鸠（jū jiū）的谐音，是华夏人对鴡鸠的贬称，因为在古汉语中"蚩尤"的字面意思是"丑恶已极"。

（3）五雉氏：分管五种手工业生产，保证器物质量，统一度量衡制度。

（4）九扈氏：大约居住在莒县、诸城一带（当时可能叫"斧燧"），分管九种农业生产，保证适时。

# 三国四方的大战

首先是炎帝出兵攻伐少昊，占领曲阜为新都。少昊被击败，率领五鸟氏撤往泰安市大汶口一带。炎帝还曾长驱东进，奔袭过斧燧。东夷军事首领蚩尤不服，在淄博市一带起兵反攻，驱逐了炎帝，收复了曲阜。

这时轩辕氏已经在冀北崛起。相传黄帝与炎帝同源，最早都发源于渭河流域。但是黄帝比炎帝要晚几百年。他在神农氏东迁后出生于寿丘（曲阜东北郊），在古姬水流域成长，因此姓姬。这条古姬水不应该再在陕、甘渭河流域，恐怕就是河南、山东的济水。后来黄帝北迁，与冀北原住的土著古北狄人融合而成轩辕氏集团，首府在涿鹿县。黄帝以云为图腾，这反映出居住在降水少、气候干燥的农牧民"大旱望云霓"的迫切心情。

轩辕氏原先有六个部落，那就是熊、罴、貔、貅、貙、虎。黄帝所从属的是熊部落，单称就叫"有熊氏"。

炎帝被蚩尤击败退出东夷地区后，北撤到涿鹿附近，想在那里立足，于是又与黄帝发生军事冲突。黄帝率领六个部落，在阪泉（今北京市延庆县张山营镇一带），与炎帝六战三场，终于彻底击败炎帝。炎帝战败被迫与黄帝结盟，由黄帝取代炎帝为华夏君主。

炎帝是西羌人领袖，以炎帝为首的西羌人与中原土著华夏人相融合，建立华夏集团，缔造华夏国家后，就使大多数西羌人逐渐进入华夏序列。在长期的历史发展中未及并入华夏的西羌人，后来就演变成藏、彝、羌等少数民族，以及国外的缅甸人。他们讲的语言属于汉藏语系藏缅语族，与汉族同语系。

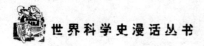

黄帝是北狄人领袖。黄帝北迁后，与冀北一带土著北狄人相融合，建立北狄集团，缔造北狄方国。黄帝取代炎帝为华夏君主后，就使大多数北狄人逐渐进入华夏序列。在长期的历史发展中未及并入华夏的北狄人，后来就演变为满、蒙、维吾尔、哈萨克等少数民族，以及国外语言属于阿尔泰语系的诸国。

**蚩尤与黄帝在涿鹿效外展开生死决战**

后来蚩尤继续率兵征讨炎帝，大军北上击败炎帝，一直追击到涿鹿城郊。炎帝非常恐惧，向黄帝求援。黄帝见蚩尤打上门来，立即按盟约出兵，经过惨烈的战斗，据说"流血百里"，才擒杀蚩尤，又南下攻克曲阜。大概少昊没随着蚩尤一起征伐黄帝，因此黄帝让少昊继续担任东夷之君。黄帝自己则西撤，定都河南新郑县，建立起更加强大的华夏国家。

黄帝时代大约是公元前 30 世纪～前 27 世纪。继承黄帝的孙部族高阳氏帝颛顼（公元前 27 世纪～25 世纪）之时，条件成熟，水到渠成，才结束少昊的统治，由帝颛顼统一接管华夷，甚至有帝颛顼是"少昊孺帝"之说。经过炎帝、黄帝和帝颛顼三朝的努力，东夷人开始进入华夏序列，后来几乎全演变为汉族。

# 我们是炎黄子孙

炎帝作为西羌领袖，是今天汉族和藏缅语族的藏、彝、羌、缅等诸族人的共同祖先。公元前1045年周武王姬发灭商后，就封神农氏的直系后裔于焦（今河南三门峡寺焦城）。在西周有开国功臣姜太公。羌后大姓有申、吕、许等。

黄帝作为北狄领袖，是今天汉族和阿尔泰语系的满、蒙、维吾尔、哈萨克、土库曼、吉尔吉斯、土耳基、阿塞拜疆诸族的共同祖先。周武王灭商后封黄帝直系后裔于祝（今江苏赣榆县西北）。黄帝后诸姓，除姬外，著名的尚有祁、滕、任、荀等。后来华夏诸朝，高阳氏帝颛顼、高辛氏帝喾、陶唐氏帝尧、有虞氏帝舜，夏后氏、殷商和周三代王族，分别来自黄帝的子孙部族。

经过5000多年的大融合，中华各族无不与炎、黄两帝有血缘关系。全世界华人都以身为炎、黄子孙而感到无比自豪和无尚光荣。

后面，我们将从科学技术的角度，讲述从太、少两昊和炎、黄两帝以来，我们的先人所做出的传奇性的伟大贡献。

# 神农的国度

中华号称以农立国，人们总是深切地缅怀着创造农耕和对它做出重大贡献的先农们，甚至将他（她）们当作神明来顶礼膜拜。在北京永定门内天坛以西，有一座称为先农坛的宏伟神庙，庙里设有先农、太岁和山川三大祭坛。明、清两代的帝王们都要定期在这里祭祀三大神。那么，先农坛里供奉着的先农到底是谁呢？让我们来追溯一番。

## 谁是真正的先农？

在旧石器时代，人们本来是依靠采集野生植物和捕捉野生动物作为食物来维持生活的。后来人们采集和渔猎活动日益强化，人口日益增加，深感野生物源日益匮乏，人们常常挨饿。相传这时就有神农氏出来尝百草的滋味以开发农作物资源，尝水源的甘苦以确定是否适宜于饮用和灌溉农田，并发明原始农具耒（lěi）、耜（sì），教导百姓根据天时地利来种植庄稼，解决吃饭问题。当然，发明农耕并不是个别圣贤的功劳，而是人类集体智慧的结晶。旧石器晚期的妇女们的社会分工是采集。她们负责将可食的植物种子和块根采集回来供全氏族成员享用。吃不完的种子和块根就堆放在地上。没有想到，在有适宜的水分、阳光、温度和节气的条件下，它们居然发芽、生长起来。并且结出新的种子和块根。一些绝顶聪明的妇女受到启发，就主动拿种子和块根种植起来。这样就发明了农耕，使人类进入新石器时代。

将古代文献和出土文物结合起来研究，可知神农氏并不是真正的先农，它只不过是在新石器时代晚期兴起的农耕发达的古华夏部族集团。相传它发祥于陕西、甘肃间的渭河的古支流姜水流域，原先是西羌人。后来它向中原扩展，与当地土著人融合成凝聚力很强的华夏部族集团，创造了影响深远的农牧兴旺的仰韶文化（公元前5000年～前3000年）。它对华夏国家的缔造和华夏农牧业的振兴都建立了不朽的功勋，但却不是最早的先农。因为它周边的诸部族都有了历史相当、水平相近的农牧业，而且早在前仰韶时代，不少部族的农牧业都已相当发达了。

古文献中记载的伏羲氏太昊和共工氏都生活在前仰韶时代。相传共工氏崛起于伏羲氏之后、神农氏之前，推测起来祖居河南辉县市一带。据说当时那里的环境是七水三陆，活脱脱一幅黄河泛滥区的景象，所以共工氏以水为图腾。大概他们的农田水利搞得不错，农耕相当发达，很可能是创造磁山——裴李岗文化（公元前6300年～前5100年）的部族之一。它有一个子部族叫"后土"，善于平治各种水土，而被后世尊奉为土地之神——社，受到祭祀。共工氏后来大概融合到从关中平原东迁的神农氏里去了，因而随着炎帝姓姜。不过它似乎与取代神农氏炎帝的轩辕氏黄帝的后裔长期格格不入，曾经与高阳氏帝颛顼、高辛氏帝喾争夺华夏王位，又曾经与帝颛顼的子部族祝融氏、夏后氏帝禹发生冲突，屡次爆发惨烈的战争，共工氏都失败了。在有虞氏帝舜摄政时代，它在辉县一带治理水患，反而加重下游洪水，使鲁西南一带遭灾。帝舜震怒，将共工氏放逐到幽州（冀北和辽宁一带）去了。

共工氏也不是最早的先农。伏羲氏的兴起比共工氏要早得多；但是，太昊是伏羲氏后期，它可能是后李文化（公元前6000年～前5300年）的创造者，在时代上与共工氏差不多。

考古发现的北方最古老的农耕遗址，在冀中徐水县南庄头，它的年

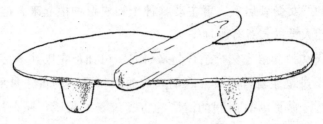

北方新石器时代广为流行的粮食磨粉工具——石磨盘和石磨棒。有意思的是，用它来磨粉，动作就像我们今天擀面条（这是河南巩县铁生沟裴李岗文化遗址出土的）。

代是公元前 8860 年～前 7740 年。这个遗址出土有：夹砂的深灰和红褐色陶器，加工粮食用的石磨盘和石磨棒以及水沟等。按今天的考古成果来看，南庄道先民可以说是中国最古老的先农了。

不过，中国最古老的先农恐怕还得考虑南方。在广西柳州市白莲洞旧石器时代遗址里，考古学家竟找到了公元前 18000 年左右南越人用过的一块带孔重石，它是套在尖木棒上掘地用的。1993 年和 1995 年，考古学家们两次发掘了湖南道县玉蟾岩遗址，都发现有稻谷遗存，这是世界上目前发现的时代最早的人工栽培稻的标本，时代约在 1 万年前。道县在湖南南部，靠近广西，玉蟾岩最有可能是南越人遗址。南越人是古百越人的一支，分布在两广及其邻近一带。

## 烈山氏父子的故事

"神农氏制耒耜教民农耕"的故事在中国甚至东亚流传很广。不过要理解这个故事，得从烈山氏父子的故事讲起。人类农业史之初曾经流行过"点耕农业"，显然是在新石器时代早期。相传在湖北随州市北偏西的厉山之东，有个巨大的岩洞，高 30 丈，长 200 丈①，称为"神农穴"。里头曾经住过"烈山氏"部族。它有个子部族叫"柱"，善于种植各种谷物和蔬菜，生前担任"田正"（主管农耕），死后被尊奉为农作物之神——"稷"，一直享受祭祀到夏代之前。许多学者认为，"烈山氏"和"柱"的名称反映出一种最原始的农耕方式——刀耕火种的点耕农业。这就是将待种的坡地上的草木砍倒；待草木干枯后放火烧山（"烈山"）；用尖木棒（"柱"）在地里挖窝，点播上庄稼种子。"烈山氏"就是放火烧山的部族，"柱"是使用尖木棒的部族。为了使尖木棒份量加重，利于刺土，先民们往往在棒上套装一块钻孔的重石。在江西万年县仙人洞新石器时代早期遗址（公元前 8870 年～前 6825 年），考古学家找到了古扬越人用过的重石（扬越人也是百越的一支，分布在江浙及其邻

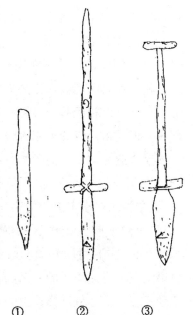

① ② ③

**最原始的农具：①尖木棒（内蒙古和黑龙江鄂伦春族所用）；②木来（青冈杈，西藏门巴族所用）；③木耜（木锹，西藏珞巴族所用）**

近地区）。更令人惊奇的是，984 年 4 月，在广西柳州市西南大约 12 千米的白面山白莲洞里，考古学家竟在公元前 17910 年的层位里，找到了一块穿孔砾石。它是南越人当年用过的重石。古埃及最早的瓦迪库巴尼亚农耕发轫于公元前 16300 年，比南越人的农耕要晚 1600 年。这样看来，白莲洞先民可谓真正的世界先农。不过，这里还有问题：尖木棒不

---

① 这个故事记载在周代的《左传》和《国语》两部古书上，用的显然是周尺。有人据河南洛阳市金村出土的战国铜尺与秦国的商鞅量来推算，1 周尺＝23 厘米。折算起来，神农穴高 69 米，长 460 米。另一种说法是 1 周尺＝19.91 厘米。

仅可以用于点耕，而且可以用于挖掘块根食物之类东西。因此，白莲洞先民当时是否开创农耕，并不能完全肯定。

相传神农氏将尖木棒的尖头放在火上适当揉弯，以利于起土，再在尖木棒的下部装一根横木，以便于用脚踩。这样，尖木棒就改造为耒了。播种的时候，一名男子双手握耒柄（一般右手在上，左手在下），左脚踩在横木上，使耒与地面成60°～70°角向下刺入土中（20厘米～30厘米），双手往下猛压耒柄，耒尖一撬一挑挖出穴来，对面跟着的一名妇女就往穴里放种子埋好土。就这样，男的一面挖穴一

神农氏手执双齿耒图（东汉山东嘉祥县武梁祠画像砖）

面往后退，女的一面往穴里放种子埋土一面往前跟，直到完成全丘田的点播任务。

在古代，先人们往往实行所谓"耦耕"。那就是由两男两女组成一个播种小组。两个男子各持一耒，合力同时挖穴；两个妇女跟着同时放种子埋土。采用耦耕的原因是：一个男子一把耒，只能松土，不易翻耕。

何必采取耦耕的笨办法呢？将耒尖从一个增加为两个，变单齿耒为双齿耒，岂不就能由一名男子完成两名男子耦耕的工作了吗！双齿耒就这样诞生和推广开来了。

将耒尖加宽，形成如后世的锹头模样，就能使翻土的面积进一步增大，这样就成了耜。耜是与铲、锹之类相近的农具，有全用木制的；也有在木柄下端加装骨板、石片制成的，分别称为骨耜、石耜。耒和耜都不是仰韶时代神农氏初制的，而是在前仰韶时代就早已有之。例如河南新郑县裴李岗、河北武安市磁山遗址，都有石制的耜头出土。耜采用最

早、流行最广的地区是江南。江西万年县仙人洞、浙江余姚市河姆渡遗址分别出土蚌制和骨制的耜头。特别是河姆渡出土的骨耜，制作精细，数量又多。

在中国，耒耜从新石器时代早期一直用到商周时代。当然，这中间有不少改进。例如，将木耜头加青铜耜刃套，或者将整耜头改为青铜铸造。距今5000年左右中原和江南出现石犁，商代出现牛耕，特别是汉代推广牛拉铁铧木犁之后，耒耜才逐渐退出历史舞台。不过国内外都有一些后进的民族，将神农氏式的木制耒耜一直沿用到现代。从这些耒耜我们可以想象我们的先人当年农耕的状况。

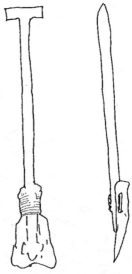

河姆渡遗址骨耜头安木柄示意图（原耜头出土于距今7000年～6700年的层位）

## 四口神秘的灰陶酒樽

用耜、铲或锄头一类农具来松土播种，都可以叫"锄耕农业"，它比点耕前进了一大步，主要流行于新石器时代中晚期。

1959年，在山东莒（jǔ）县陵阳河一处公元前约2800年～前2500年的东夷大汶口文化晚期遗址里，考古学家找到了四口盛酒的祭器灰陶大酒樽，每口酒樽外侧口沿上分别刻着一个原始汉字。它们是"斧"、"炅"、"畓"、"锄"。当中两个字我读为"燧"（取火）、"焚"（火烧山）。到了1973年，又在几十千米外的诸城市前寨一处同时期遗址里，发现了一件灰陶片上刻着"畓"（焚）字的残部，并且涂抹着神秘的朱红色颜料，估计它是与陵阳河遗址一样的四口一套的灰陶酒樽的第三口的碎片。更令人称奇的是，1989年～1995年间，考古学家竟在安徽西北部的蒙城

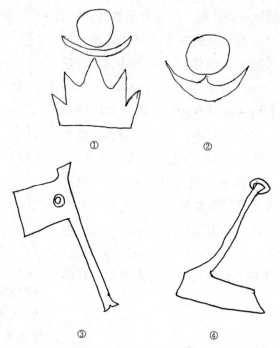

大汶口文化遗址出土的陶器文字：①～④
分别为旵（焚）、炅（燧）、斧、锄（莒县陵
阳河遗址出土）。

县尉迟寺大汶口文化晚期（距今5000年～4000年）遗址里找到了三处类
似的原始汉字：（1）墓葬中有两件作为儿童葬具瓮棺的陶樽上，各有
"炅"字一个，下面分别钻出三叉形和五峰山形（我认为它们是"旵"，
即焚字的两种字体）；（2）在一个祭祀坑中出土一件陶樽，上面刻着
"旵"（焚）字，也涂抹朱红色颜料。

我认为，四口酒樽上那4个原始汉字，实际上是山地刀耕火种的锄
耕农业的四大工序：

第一是"斧"。就是用斧头砍倒地里的草木。当时仍然普遍用石斧，
但是已经有了青铜斧。

第二是"燧"。就是人工取火。东夷人崇拜太阳，把自己的领袖或君

主称为"太昊"和"少昊"（"昊"就是天上的太阳）。他们认定太阳是大地的总热源。即使是人工取得的火，归根到底也来自太阳，因此"炅"（燧）字来自日、火。

第三是"焚"。就是用人工取得的火去焚烧地里已经砍倒并干枯了的草木。"焛"字很形象，就是"取火烧山"。它与"焚"字寓意相似："焛"是"取火烧山"，"焚"是"以火烧林"。"焛"就是"烈山"。直到现代，在人迹罕至的丘陵山区烧荒还叫"火烧山"。

第四是"锄"。就是用锄头松土播种庄稼。当然这比用尖木棒或耒挖窝播种要强多了。当时东夷人和扬越人使用的鹿角制鹤嘴锄，与这里的"锄"字形象一模一样。

类似的原始汉字从鲁东南分布到皖西北，可见事非偶然，是有一定来由的。我认为，这说明文献记载的黄帝史臣苍颉造字并不是子虚乌有，黄帝时代至少对已有五花八门的文字作过一番整理。随着华、夷走向一体化，在黄帝、帝颛顼之际，华夏的原始汉字已经传入东夷，而且山东逐渐成为华夏文化的一个重要中心。又说明这四口一套的刻字酒樽是有特殊用途的。我认为，古东夷人把斧头、取火、烧荒和锄头看成衣食父母加以顶礼膜拜，因此将这四个原始汉字刻到酒樽上去，作为祭品，可能用于春分祭祀。

我们的先人很重视红色亮星"大火"（心宿二）。大约在公元前2400年（高阳氏帝颛顼和高辛氏帝喾之际），每当黄昏在东方地平线上见到"大火"星之时，正好是春分前后，按节气应当抓紧春耕。在东夷金天氏方国中，第四部族九扈氏是分工主管农业生产的。大概"大火"星也归他们观测和祭祀。每当春分来临，主祭者就吩咐将这套酒樽抬出来，盛满了酒。祭典完成，与祭者纷纷痛饮美酒，庆祝一年一度的春耕生产的开始。

在帝颛顼统一管辖华、夷后，高辛氏帝喾任命高阳氏的子部族——黎担任火正，号称"祝融"，驻在河南新郑县。陶唐氏帝尧任命高辛氏的

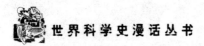

子部族——阏伯为火正，驻在河南高丘市。到有虞氏帝舜之时，由于恒星间的相对位移积累的结果，春分前后黄昏之时已不能在东方地平线上见到"大火"。春分祭祀"大火"星的习俗逐渐消失。

## 犁耕和金属农具的问世

公元前3000年前后，在中原和江南都出现犁耕。犁耕最早出现在扬越人的崧泽文化时代（公元前3800年～前2900年，以最早发现于上海青浦县崧泽而得名），那是在木犁架上装石犁头而制成的木石犁。到良渚文化时代（公元前2800年～前1900年，以最早发现于浙江余杭县良渚而得名），木石犁在太湖流域和杭州湾两岸盛行起来，显著地减轻了繁重的水田耕作的劳动强度，使得先民们可以腾出手来发展桑蚕和丝绸生产。

木石犁是从耒耜和锄头逐步演变而来的。当时江南制作的石犁头，形状扁薄，平面呈等腰三角形，刃部在两腰，夹角40°～50°，一般用片页岩制作，中央开有1～3个孔，以便穿绳捆绑安装在木犁床上。

犁问世后，开始有很长一段时期是人拉的。显然，人拉犁是一件苦

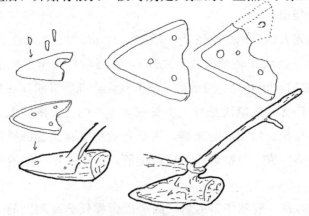

距今5000年的江南木石犁

差事，尤其在水稻田里，拖泥带水，十分艰辛。大概到了商代发明了牛耕。在商代的甲骨文里，犁字的形象是牛拉着犁（勹），一些小点象征犁头翻起的土块。

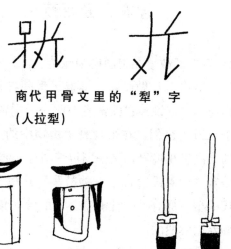

**商代甲骨文里的"犁"字**
**（人拉犁）**

**盘龙城商代城堡遗址找到的铜耜套尖**
**（左）和它们装上木柄的复原图**

公元前 3500 年，中国进入铜石并用时代，那时铜还相当稀少而昂贵，舍不得用来制造农具，主要用来制造兵器和工具。到了公元前 2600 年，中国进入青铜时代，逐渐有用铜来制造的农具。甘肃玉门市火烧沟遗址出土了一件红铜镰刀，可能是夏、商之际（公元前 16 世纪）的制品。湖北黄陂县叶店村盘龙城商代城堡遗址出土铜耜套尖。上海博物馆珍藏着一件青铜双齿耒，是西周时代的制品。

中国在西周时进入铁器时代；但是，起初与西亚、北非一样是块炼铁，产量不高，只能用来制造一部分兵器和工具，不足以用来制造农具。到了春秋时代，中国发明了铸铁冶炼技术，产量大增；又发明了利用熟铁块渗碳制钢和铸铁柔化术，一跃成为世界上头号钢铁之邦。铸铁的出现要比西方早 1900 多年。西方晚到 14 世纪才能生产铸铁。铁农具的普

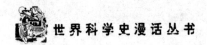

及，是中国在世界上首先进入封建社会的物质基础之一。

# 神农氏尝百草

"神农氏尝百草"的故事在中国广为流传。说是神农氏为了开发农作物和药材资源，不惜以自身做试验，尝遍了世间各种草木，看哪些可供食用，哪些可作药用。据说神农氏曾经因此一天中毒70次之多。这反映出几百万年来千百万先民们，在采食野生植物中的遭遇的缩影。故事颂扬了舍己为人的崇高思想境界，是中国传统精神文明教育的重要内容。

中国还流传着"伏羲氏尝百草"的故事，这也很合情理。采食植物正是旧石器时代的事。那时男的管渔猎，女的管采集和家务。这样看来，农、医最初是妇女们发明的。

此外，又有"伏羲氏制九针"的故事，说针刺人体穴位治病是伏羲氏发明的。这也很有道理，因为缝衣针正是出现于旧石器时代晚期。当时可以用来针刺治病的有骨针，还可以利用竹针和荆刺等。针刺治病也是妇女在家护理病人过程中发明的。

中国现存最早的本草学专著《神农本草经》是西汉时代成书的，内容却主要来自先秦。人们为了纪念神农氏开创本草学和舍己为人的崇高精神，特别在书名上写着"神农"二字。

正是由于先民们的卓越贡献，到夏、商和西周三代，中国栽培的谷类已有黍、稷、谷子、粱、大麦、小麦、水稻等，豆类已有大豆，麻类已有大麻、苎麻、苘麻等。铁农具的普及，牛拉犁的出现，以及高度重视水利和精耕细作，使得中国登上世界农业生产技术高峰，创造了今天以占世界7%的耕地养活着占世界21%人口的奇迹。

# 大禹治水的贡献

## 应龙与旱魃的故事

先秦一部非常有趣的古书《山海经》记载说：蚩尤大量制造兵器征伐黄帝。黄帝就命令应龙攻击蚩尤于冀州之野。蚩尤请来风伯、雨师放出大风雨。黄帝就让一位名叫"魃"（bá）的天女下凡，制止了大雨。应龙擒杀了蚩尤，又杀了夸父，就往南方居住，因此南方多雨。旱魃不能回到天上，她所居住的地方不下雨。叔均请求黄帝让旱魃离开。后来黄帝将旱魃安置在赤水之北。叔均担任田祖。旱魃不时逃出来。要驱逐旱魃就喊："请贵神往北走！"要疏浚水道，开通灌溉的沟渠。

这是先民们对中国北方少雨干旱、南方多雨潮湿的自然现象的一种解释，当然这只不过是一种神话传说，并不符合科学道理。

按照大气环流的规律，黄河流域的气候基本上是少雨干旱的，西北更甚。春旱特别严重，有"春雨贵如油"的说法。北方降水虽然不多，但是一般集中在夏秋之交的雨季。北方许多地区地势平坦，积水难排，在雨季又会造成严重的洪涝灾害。距今 8000 年～2500 年（相当于伏羲氏太昊到高阳氏帝颛顼之时），华北的年平均气温比现在高得多，降水量也比现在多；阔叶林向北扩展，曾经分布到蒙古高原。雨季洪水泛滥，成

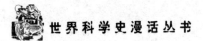

了北方严重的灾害。南方虽然多雨湿润，但是真正不缺水的省区并不很多。那里降水量的全年分布也不均匀，同样有水旱灾害。同时南方多水稻田，水稻对及时排灌要求很高，得有水平较高的合理的水利设施。因此，从新石器时代以来，地不分南北，人民一直在与水旱灾害作斗争，取得了宝贵的经验教训，涌现了许多英雄豪杰，传颂着一些传奇式的治水事迹。

# 共工氏的故事

早在新石器时代早期（公元前 10000 年～7000 年），河北徐水县南庄头先民就开凿水沟，可见中国人一开始经营农牧业，就很重视水利。

黄河从青海巴颜喀拉山脉雅拉山泽发源，在峡谷间奔腾了 4000 多千米，到河南孟津县以下称为下游，地势平缓，雨季里不时酿成洪水泛滥。于是治水英雄便在黄河中下游应运而生了。

传说中的共工氏就是善于治水的部族集团。相传发祥于伏羲氏和神农氏之间，大概住在今河南辉县市一带，南临黄河，北靠太行山，有肥沃的土地和丰富的水源。那时黄河可能在出孟津之后流向东北，从天津附近入海。后来神农氏东进，他可能作为华夏土著融合进神农氏里去了，所以共工氏随着姓姜。但是他似乎与黄帝后历朝君主格格不入，先后与高阳氏帝颛顼、高辛氏帝喾和夏后氏帝禹争夺华夏王位，他都以失败告终。与帝颛顼的战争最为惨烈：共工氏怒不可遏，以头碰触不周山，使得支撑苍天的天柱震断，悬挂大地的地维震绝。因此苍天向西北倾斜，大小河川都往那里流淌。当然，这又是以神话解释自然现象。

在治水问题上，共工氏摔得更惨。

据说共工氏居住的地方是七水三陆的水乡泽国，黄河泛滥频仍，人民常常遭灾。他们在与水、旱灾害作长期的斗争中磨炼出一套治水经验，甚至以水为图腾。共工氏有个子部族，它的始祖多叫"后土"，以善于平治各种水土著称，死后被华夏人尊奉为土地之神——社，一直受祭祀到夏代以前。

中国有个古训，就是不能随意改变大自然的面貌，以防止环境恶化，子子孙孙受到危害。例如，不能随意将山削平，将沼泽填高，给河川筑堤防，将湖泊排干，要充分考虑它的后果。而共工氏很不地道，他不遵循这条古训，给百川筑堤防。削平高地，填平低地，而不考虑它的严重后果。他只顾自己，不管别人死活，把祸水推给下游，甚至从此威胁、钳制天下。在有虞氏帝舜掌权之时，共工氏甚至故意加重洪水，以迫害他下游一带的东夷人等。帝舜十分震怒，经过帝尧同意，将共工氏流放到幽州（今北京市、河北北部和辽宁一带）的龚城（故址在今北京市密云县东北），后来演变为北狄部族。在当时，整族流放是最严厉的惩罚。

## 脩、颐、鲧的故事

东夷地处黄河下游的山东一带，经常受到水旱灾害。干旱之时，黄河断流达几百上千米。而洪水泛滥之时，又一片汪洋，冲决一切。因此，东夷人很重视治水。金天氏少昊集团的第三部族五雉氏，擅长手工业，它的代表担任金天氏部族方国的工正（管理手工业的官长）。不过，它的始祖叫"脩"，又是金天氏的水官，主管治水，对工作非常认真负责，舍己为公。脩不幸在治水中溺死，以身殉职。东夷人非常痛惜，将他尊奉为水神"玄冥"，及时加以祭祀。然后由第四部族九扈氏的始祖叫"熙"的继任水官。九扈氏擅长农牧，它的代表担任金天氏方国的农正（主管农业生产）。熙死后也被东夷人尊奉为玄冥。由此可见东夷人对治水的重视。

陶唐氏帝尧在位之时（公元前 2163 年～前 2063 年），华北比现在气

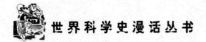

温高、雨水多，水灾十分严重，威胁着华夏人的生存。儒家的孟夫子（孟轲，约公元前 372 年～前 289 年）是这样描绘当时令人沮丧的境遇的：洪水横流，泛滥于天下；草木茂盛，禽兽大量繁殖，而五谷却收成极差；禽兽逼人，连中原也到处有禽兽的踪迹。帝尧忧心忡忡。

华夏国家议事会决定推举有崇氏鲧负责治水。帝尧认为鲧这个人刚愎自用，会违抗教命，损害他人。但是，他还是服从多数，让鲧负责治水。有崇氏是豫西一个古老的部族，当时已是一个方国，首府在今嵩县北，它的国君叫做"崇伯"。有崇氏国地方正当黄河支流伊河和洛河流域。黄河泛滥，崇国首当其冲。他们在与水旱作斗争中也积累了丰富的经验。

当时崇伯鲧负责治理的大概是流过帝尧首都平阳（山西临汾市）的汾河水患。汾河是黄河中游的大支流。据说他从上帝那里取来息壤。息壤挺神奇，填到水里能不断地自动膨胀。一小块息壤就能填平很大的洼地。当然，充其量这不过是一种科学幻想。鲧采取填平洼地的办法来治水，必然会造成下游方面更大的洪水。因此他治水 9 年，不仅劳而无功，而且到处捅娄子。帝舜征得帝尧的同意，将有崇氏流放到羽山（在今山东郯城东北。一说在今江苏赣榆县），后来演变为东夷人。鲁南、苏北一带是金天氏国九扈氏部族分布的地区。九扈氏始祖名叫"熙"，崇伯鲧的字也叫"熙"。可见有崇氏的确是融合到东夷人里去了。


# 大禹治水的故事


将有崇氏放逐到羽山之后，华夏国家议事会又大胆起用鲧的子部族夏后氏的始祖大禹负责治水。夏后氏继有崇氏之后发祥于豫西嵩山南麓的登封县一带。大禹继承和发展了有崇氏的治水经验，达到了当时华夏治水的最高水平。

　　大禹领导华夏人疏导河川，排除洪水，减少灾害；并且筑坝蓄水，开凿或疏浚渠道，灌溉农田，又推广在低洼地栽培水稻，奠定了中国农业重视水利的优良传统的基础，功勋卓著，受到万世尊敬和歌颂。

　　古书都记载，大禹带领百姓治理好全中国九州所有的河川。这是被夸大了，因为不仅超出大禹个人的力量和寿命，而且大大超出当时华夏国家的人力和物力。战国时代墨家著作总集《墨子》记载大禹治理舜都蒲坂（今山西永济县蒲州镇）水患，看来是相当实事求是的。

　　在山西西南角有一条涑（sù）水河，源出绛（jiàng）县太阴山，西南流入伍姓湖，以下有人工河道通黄河，全长约 170 千米。蒲坂正处人工河道入黄河处的北岸。涑水河的流量很小。枯水季节断流，洪水泛滥却会造成伍姓湖一片汪洋。在人工河道开凿之前，暴雨成灾，伍姓湖洪水漫溢，就会严重影响蒲坂的安全。《墨子》记载了大禹带领民众从舜泽（伍姓湖）往西南开凿一条人工河道，紧挨着蒲坂以南通到西河（山西与陕西间的一段黄河），名叫"蒲渎"，以便将充盈舜泽中的水，通过蒲渎排入西河。这样，洪水泛滥之时，蒲坂就不容易遭灾。在距今 4000 年上下的帝舜时代（公元前 2062 年～前 2013 年），要开凿这样一条人工河道并不是容易的事。

　　古书描绘大禹在进行水利工程测量作业中，沿途逢陆地乘车，遇水路乘船，过沼泽地乘泥橇（qiāo），爬山穿登山鞋，左手拿着水准仪和绳子，右手拿着圆规和角尺，测定山川高深，事必躬亲，不仅搞好了具体工程设计，而且发展了几何学。在组织民众兴修水利之时，大禹亲自拿着土筐和耜参加劳动，干到腿毛蹭光，以大雨洗头，以大风梳头。工程进行 13 年，他三过家门而不入，是千古传颂的为人民服务的典范。

　　大禹对于华夏国家的创建也立下了不朽的功勋。有虞氏帝舜三年（公元前 2060 年），大禹被国家议事会推选为司空（主管土地，兼管土木等建筑工程），并担任副帝，协助帝舜总管一切。帝舜三十三年（公元前 2030 年），国家议事会又推选大禹为摄政（一说是在南征三苗之时，大禹

大禹治水

在湖南前线从帝舜手里夺权）。帝舜五十年（公元前 2013 年），舜死，大禹正式登上华夏帝位。中央和地方政权的建设完备起来。据统计，大禹在位之时（公元前 2012 年～前 2003 年），中国有可耕地 24308024 顷，人口 13553923 人。

大禹在军事上也屡建奇功。他曾长驱南下江汉平原，一举攻下三苗首府，灭亡了这一强大的方国，使苗蛮人进入华夏序列。又经略扬越，在首府会稽举行诸侯大会，大禹不幸死在会议上。不过他已使华夏国家的势力及于黄河流域和长江中下游。大禹会稽之行也使夏后氏在那里扎下根，后来诞生的扬越人国家——越国的王族，是大禹的后裔。

## 灌溉渠道系统

中国灌溉农田渠道的开凿，从河北徐水县南庄头新石器时代早期遗址的水沟算起，已经有上万年的历史。到了青铜时代，经过大禹的努力，灌溉农田渠道已经设计成系统，并且与奴隶制的井田制联系起来，相应地田间道路也成了系统。到了殷周时代，灌溉农田渠道和田间通行道路系统就相当完备了。根据先秦时代的官书记载，主要情况如下：

在理想的条件下，夏、商和西周三代农耕，大抵都实行井田制。划出方整的农田 1 平方周里①，也就是 900 周亩②，称为一井。每井分成相等的 9 块，每块 100 亩，称为 1 夫。每井四周 8 块田（8 夫）是私田，分给 8 位农夫耕种，每位 100 周亩，收获归己。当中的一块（1 夫）是公田，由这 8 位农夫合种，收获归公。夫与夫间开渠道，宽 2 周尺，深 2 周

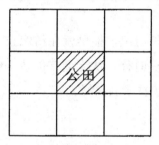

**井田平面图**

尺③，称为"遂"；遂边筑道路，称为"径"。井与井间开渠道，宽 4 周尺，深 4 周尺，称为"沟"；沟边筑道路，称为"畛"（zhěn）。10 夫称为"成"；成与成间开渠道，宽 8 周尺，深 8 周尺，称为"洫"；洫边筑道路，称为"涂"。100 夫称为"同"；同与同间开凿干渠，宽 16 周尺，深 16 周尺，称为"浍"；浍边筑道路，称为"道"。浍直通河川；川边筑道路，称为"路"，通到京畿。

这些官书还指出，按照天下地势，两山之间一般有天然河川，河川边上一般有人工修筑的道路。

---

① 1 周里＝1800×0.1991 米＝358.38 米

② 1 周亩＝0.3567 市亩

③ 1 周尺＝0.1991 米

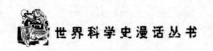

# 赛指南、腰机和它们的后代

中国人自古以来擅长纺织，很早就在纺织技术上崭露头角。先人们从旧石器时代晚期到青铜时代，从无到有创造了纺织业，并且很快创造出奇迹，登上了世界纺织技术的高峰。

## 麻葛丝毛的贡献

从旧石器时代晚期以来，中华各族人都在竭力开发天然纤维资源，用来织网，打绳，纺纱织布做衣服。先人们利用纤维在世上可说是别出心裁的。利用的植物纤维主要是葛藤和麻类，动物纤维除禽兽毛羽外，还有世上独一无二的蚕丝。那时中国还没有棉花。夏天先人们一般穿麻布和葛布，冬天平民穿粗毛布——褐，权贵们穿丝绸和皮裘。在史前，只要氏族供得起，谁都可以穿丝绸。但是到了文明时代限制就严了。周代规定只有权贵们可以穿丝绸，平民中只有老者受优待可以穿丝绸，一般人只能穿葛、麻、毛纺织而成的粗葛布和麻布以及褐。因此平民又叫"布衣"。

麻类纤维纺织而成麻布，是中国自古至今长期穿用的衣料。最初用来纺织的麻类主要是大麻、苎麻和苘（qīng）麻。其中以苎麻的纤维质量最好，它是荨麻科多年生草本植物（或灌木），分布于南方各地和黄河中游。它的茎皮含纤维量多到 78%，单纤维长度平均达到 600 毫米，强力可以达到 52 克。它的分布地区虽然不如大麻广泛，但它也是商周时代重要的纤维原料之一，已经人工种植。

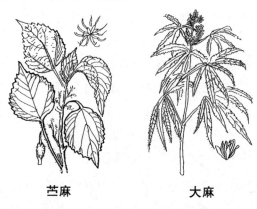

苎麻　　　　　　　　大麻

　　大麻是桑科一年生草本植物，在中国不分南北绝大部分地区都有分布。至迟在 3000 多年前已经人工种植。大麻茎皮含纤维量以及单纤维的长度和强力数值虽然不如苎麻，但是也相当高。有意思的是大麻是雌雄异株的：雄株纤维量多质好，用来纺织细布；雌株纤维质量差些，用来纺织粗布。更有意思的是大麻子可以食用，曾经在古代被列为九谷之一。

　　苘麻是锦葵科一年生草本植物，中国大部分地区可以生长，只是它的纤维质量差些。在春秋以前，苘麻布是平民穿的。不过有时权贵们也将苘麻布衣罩在锦彩衣裳外面，假装俭朴；要不，就是拿苘麻布缝制丧服。

　　麻、葛的茎皮里都有不少的纤维，但是这些纤维被果胶包裹着，不容易取出来。先人们创造了沤制的方法解决了这个问题。这就是将剥下来的麻茎皮浸泡到池塘里，利用水中微生物分泌的果胶酶，来分解麻茎皮里的果胶，把麻纤维解放出来。《诗经·东门之池》一书就吟诵道："东门之池，可以沤麻"、"可以沤纻"、"可以沤菅"。"麻"指大麻。"纻"

就是苎麻。"菅（jiān）"是菅草，一种禾本科多年生草本植物。凡割过草的人都认识它。菅草的根很坚韧，可以做炊帚、刷子等。当时利用的还有蒯（kuǎi）草，是莎草科草本植物，可以织席。在周代，先人们用菅草和蒯草打草绳。沤麻的办法一直沿用至今，许多人亲自干过或见过。这个办法有一个很不好的缺点，就是微生物分解果胶的过程能够产生毒素，污染水域，把鱼虾都毒死了，今天应该改掉。

**葛藤**

葛藤与麻类大不相同，它是豆科藤本植物，全国各地都有野生分布。它的茎皮含纤维量也不算少；但是葛藤纤维很短，一般只有 7 毫米。如果将葛藤茎皮长时间浸泡在池塘里，达到完全脱胶，那么它就会解体成为一条条短纤维，失去纺织价值。聪明的先人们又摸索出一种半脱胶的办法，取出葛藤的束纤维来纺织。怎样进行半脱胶呢？就是将它的茎皮放在热水里煮，当时叫"瀹"。今天南方有的地方的方言仍然将煮叫瀹。用热水煮比放在池塘里浸泡更好控制，而且脱胶也快。有人做过试验，水煮 3 小时～4 小时，效果相当于沤制 10 天～15 天。当然，用热水煮的办法不限于葛藤，其他短纤维原料也适用。葛布有粗细之分，细葛布叫"绤（chī）"，粗葛布叫"绤（xì）"。古书记载，陶唐氏帝尧冬天穿鹿羔袭，夏天穿葛布衣。中国人长期穿葛布衣，到近代才被淘汰。

在周代，王室设有"典枲"、"掌葛"的官，分别掌管麻、葛纤维的征集。


# 赛指南立大功

经过沤制的麻类和热水煮的葛藤的茎皮，都要劈成细纤维束，再把它们并合，连续成细长的纱线，才能织造成布。完全用手来纺纱，不仅费力费时，而且成品质量不好。聪明的妇女们又发明了用纺坠来纺纱、纺线。

大约在旧石器时代晚期，人们用一根横木棍当作纺坠。后来加上一根垂直的木棍，兼当捻杆和绕纱棍。再往后，为了提高纺坠转动的稳定性和速度，摸索出以中心穿孔的、平面圆形的物体代替横木棍，这样就成为纺轮；如果串心插杆，整个纺坠的纵截面就呈"中"字形。

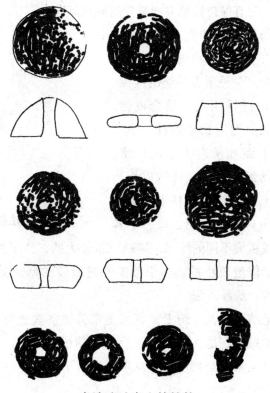

半坡遗址出土的纺轮

全国各地较大的遗址（从新石器时代到青铜时代），几乎都有纺轮出土。例如，七八千年前的河北武安市磁山、六七千年前的浙江余姚市

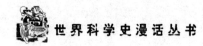
河姆渡和五六千年前的陕西西安市半坡等遗址。福建福清县东张新石器时代遗址，竟出土了陶纺轮234件。纺轮的材料可以是木、石、骨、陶等。

纺坠插杆的形式有两种：一种是单面插杆，另一种是串心插杆。纺轮纵截面形状有多种：矩形、梯形、半圆形、三角形、六角形、鼓形、圆形等等。从力学上分析，采用圆板形的，厚度薄一些、半径大一些效果好，因为那样纺坠的转动惯量大一些。转动物体的转动惯量有点像平移物体的惯性，它有保持转轴方向不变的顽强倾向。

怎样利用纺坠来纺纱呢？其中有一种方法叫吊锭法（见134页图），就是把纺坠吊起来纺纱。左手拿着待纺的纤维，从其中扯出一段纤维用人手捻合成纱，连接到捻杆上去。然后捻动捻杆，使纺坠悬空旋转。不断地从左手放出纤维，让纺坠边转动纺纱边下降。待纺成相当一段纱后，提上来缠绕到捻杆上。纺坠虽然简单，却可以用麻、葛、丝、毛各

**吊锭法纺纱**

种原料，加工成粗细不同的纱线。转动惯量较大的，适于加工粗硬纤维，成纱较粗；转动惯量较小的，适于加工经过脱胶的麻、葛纤维以及毛、丝之类柔软纤维，成纱较细。

商周以来把纺坠叫瓦、纺专。有人主张将纺坠区分为纺轮和纺专两种：前者转动惯量小，是纺纱用的；后者转动惯量较大，用于纺线。细腰形的纺专可以用来并合两股纱；球形而凿有十字槽的纺专可以并合多股，而且回转稳定。

到了商代，出现了原始手摇纺车。1973年考古学家在河北藁城台西村商代晚期遗址找到了一件陶制滑轮，认为是手摇纺车上的零件——锭盘。后来性能更好、效率更高的纺车就逐渐代替了纺坠。

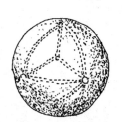

湖北松滋县桂花树新石器时代遗址出土的陶球

　　不过，在现代技术上，纺坠却有一种意想不到的贡献。在古代，用纺坠纺纱、纺线和带孩子都是妇女们的事。她们将串心插捻杆的纺坠给小孩们在地上转着玩，那就是玩具陀螺了。在当今农村，仍然将捻麻线的锥形纺专称为"陀螺"。将陀螺放在地上转，它总是顽强地立着，不容易按倒。在现代技术中，仿照玩具陀螺做成陀螺仪，将它安在一种可以任意取向的装置——万向架里高速旋转，那么它就会在一种叫"科氏力"的自然力作用下，采取与地轴平行的方向稳定下来。这样它就成了指南器，比磁性指南针还准确。指南针是指向地磁南极，而陀螺仪是指向地理南极。想不到陀螺在完成纺纱纺线的历史使命后，又在现代高技术中找到自己的重要位置。

## 世界上最早的织机

　　早在旧石器时代晚期，我们的先人就纺纱织布。不过，那时人们完全使用双手，像编筐、织席那样织布，费功夫且质量不好。编筐用的荆条、柳条、竹篾、芦蓬以及织席用的草都有一定刚性；而织布用的纱线却是软巴巴的，你必须设法把它们支撑起来，否则会乱了套。人们想了种种办法都不够理想。直到古扬越人发明了世界上最早的原始织机——腰机，才算初步解决了布匹织造问题。

　　腰机上有两根横木（前面一根是经轴，后面一根是卷布轴）、一把打纬刀、一个纡（yǔ，吴方言，即"纬"）子；一根较粗的分经棍和一根较细的综杆。织造之时，织布者坐在地上，将一定根数的经纱纵向水平地安排，前面搭在经轴上，后面系在卷布轴上。分经棍等间隔地把奇偶数经纱分成上下两组，形成一个梭口。纡子引着纬纱横向穿过梭口，用打

**腰机织布示意图**

纬刀把纬纱打结实。然后提起综杆，将下组经纱提到上组经纱之上，合起原梭口，形成新的梭口，将打纬刀放进去，立起来将梭口固定住，使纤子引着纬纱朝相反方向穿过梭口，用打纬刀将它打结实。这样反复交织下去，织成的布卷到卷布轴上。

　　1973 年～1974 年，在浙江余姚市河姆渡村河姆渡文化遗址的距今7000 年～6700 年的层位里，考古学家发掘出硬木打纬刀一把、卷布轴一根、硬木提综木杆 18 根。1977 年～1978 年，考古学家又在那个层位里发掘出梳整经纱的一件木齿状器、一根木卷布轴、一把骨打纬刀、固定经纱用的一根齿状木经轴。它们都是腰机的零件。应当承认，河姆渡的古扬越人是一些天才的发明家。1958 年，在浙江吴兴县钱山漾古扬越人的良渚文化遗址距今 4700 年的层位里，考古学家找到了一小块绢片，组织非常细密，达到每英寸（1 厘米＝0.39 英寸）120 根纱。纺织史家估计，织造这样的织物，得给腰机配上简单的机架。

　　中国新石器时代，还出现了一种织带用的综版式织机。这种织机在古埃及也出现过，称为"卡片织机"。考古学家在埃及四个洞穴遗址里，发掘出柯普特时代（400 年～600 年）的卡片织机上的卡片（综版）25块，那比中国要晚多了。

中国在铜石并用时代到青铜时代之初，织造出来的纺织品已经非常细密。例如，良渚文化最细的麻布每平方厘米经纬纱是 $20 \times 30$ 根，丝织品更高，达到 $52 \times 40$ 根，齐家文化麻布达到 $30 \times 30$ 根。其中丝织器（绢片）和现代生产的 H11153 电力纺的规格十分相近，这真是一种奇迹！

古书《列女传》记载战国时代以前出现一种先进的鲁国织机，称为"鲁机"。文伯当上了鲁国宰相，他母亲季敬姜以鲁机织布为比喻，教导他如何治国之道，可见鲁机影响之大。

春秋战国时代，山东的齐、鲁两国发展成全中国的丝绸中心。齐国更是"号为冠带衣履天下"，就是说那里生产的丝织品供应全中国各地。

（本章的写作主要参考了陈维稷先生主编的《中国纺织科学技术史（古代部分）》一书，特此致谢）

# 火石、钻木和阳燧

　　人类起初可能像许多兽类那样怕火。长期的实践使人弄明白，火固然能给人体造成伤害，但是如果能很好地加以利用，那么它将成为人类的好朋友，为人类提供巨大的帮助。烤火取暖使人能从热带和亚热带森林老家向温带和寒带分布。篝火照明又给人们在黑夜里带来光明。人们还能利用兽类怕火的习性，点燃火把进行围猎，大大提高狩猎效力。当然，用火来烧烤食物，变生食为熟食，能使人类摆脱"茹毛饮血"的弊病；杀灭食物中的寄生虫和微生物，使人少生病；使人体能吸收生食无法享用的若干养分……到了新石器时代，火又使人能够进行刀耕火种、烧制陶器，乃至冶炼金属和加工一系列的物料。

　　考古学家在云南元谋县上那蚌村发掘出元谋人的遗骨化石。元谋人是一种早期猿人，生活在距今 170 万年前。有迹象表明，元谋人已经知道用火。不过，从那时以来 160 万年间，人们只能利用天然火种：落地雷击和火山爆发引起山林火灾，以及煤田和天然气田的自燃；在高温干旱季节，地面上积累的枯树叶和枯草也可能升温达到着火点而自燃……有意思的是，西北大学的黄春长老师，在陕西蓝田县秦岭山中找到了锡水洞遗址。这个洞穴是双层的，上下层原有孔道相通，下洞当地人叫"雷神洞"。据推测，锡水洞是 1963 年～1964 年在蓝田县秦岭北麓公主岭发现的蓝田人的住处。蓝田人也是早期猿人，生活在距今 80 万年前。雷神洞前容易发生雷击，碰巧落地雷击中林木，便会引起山火。蓝田人便将着火的树枝拖回洞穴作为火种。天然火种一般很难得到，碰巧取得了，原始群落就得派专人小心翼翼地加以保存。不小心火种灭了，谁也说不准猴年马月能取得新的火种。很明显，利用天然火种难以保证用火。只有实现人工取火才行。

## 火石取火和它的后裔

人类诞生以来，为制造石器经常得砸石头。石头互相撞击就会冒出火星。先人们喜欢用燧石来制造石器，俗称"火石"，主要由隐晶质石英组成，呈浅灰到褐黑色。它受到打击特别容易冒出火星，火星蹦到易燃物上就可能着起火来。大约在距今 10 万年前，新智人发明以燧石敲打铁矿石取火，大概以干菌或艾绒之类引火。那是北京猿人的后裔许家窑人的时代。许家窑人的遗骨化石发现于山西阳高县许家窑遗址。火石取火相对容易一些，即使是较先进的汉族农村，直到现代还有农民以火石敲打铁火镰取火。两三下就能打出火星蹦到纸煤上，用嘴往纸煤的火星一吹就可以噗地一声冒出火苗来。

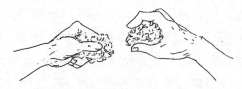

**先人们用火石敲打铁矿石取火**

现代汽油或气体打火机可以说是火石取火的后裔。打火机中的"火石"是由铈、镧和铁制成的引火合金，在粉末状态下呈自燃性。打火机中的钢轮旋转起来，与"火石"摩擦发生火花，点燃饱含汽油的灯芯或丁烷气体。

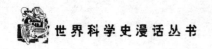

# 钻木取火和燧人氏

战国时代的古书《韩非子》记载着燧人氏钻木取火的故事。说是上古之时，人们生吃瓜果、蚌蛤，腥臊恶臭，又伤肠胃，往往因之得病。有位圣人出来，发明钻木取火，变生食为熟食，消除腥臊恶臭。人民喜欢他，推举他当领袖，号称"燧人氏"。其实，发明钻木取火的并不是某个圣人，而是聪明的先人们集体智慧的结晶。钻木取火比火石取火要困难些，它产生的先决条件是掌握钻孔技术。因此它晚到旧石器时代晚期才发明

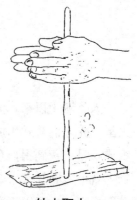

钻木取火

出来。中国钻木取火大概发明于距今 30000 年左右，因为考古发现最早掌握钻孔技术的是距今 28000 年的山西朔州市峙峪村人，叫"峙峪人"。

钻木取火比火石取火难。当今有人做过试验，要是不掌握要领，即使使用现代高速电钻也难以取到火。不知何故，也许是由于火石取火具体技术上当时不太过关，使得钻木取火法沿用很长很长时间。周代古书《礼记》规定，为人子、儿媳的要随身携带钻木取火器，以便按照大人的要求随时取火提供饮食。可是到底钻木取火不易，迫使人们另辟蹊（xī）径，那就是发明青铜阳燧。这是一种凹球面镜，它可以会聚阳光取火。《礼记》就要求为人子、儿媳的，同时携带钻木取火器和青铜阳燧，以便黑夜和阴雨天使用前者，白天有太阳使用后者。

# 镜子和青铜阳燧

中国是最早发明青铜镜的国家之一。早在公元前 23 世纪～前 20 世

纪的齐家文化时代，甘肃、青海一带的古西羌人就发明青铜镜。考古学家在青海贵南县朵马台遗址 25 号墓找到了一面青铜镜，直径 9 厘米、厚度 0.3 厘米，重量 109 克。青铜是铜、锡合金。如果掌握适当的铜、锡配比，那么抛光的青铜表面就能将照在它上面的可见光的 60％反射出去，显得相当明亮，也不容易腐蚀。春秋时代齐国官书《考工记》规定，铸造镜子和阳燧的青铜的铜、锡比为 2∶1，似乎偏高，有人认为以 3∶1 比较合适。但是锡含量太低了，镜子就不够明亮，而且容易被腐蚀。朵马台铜镜含铜 90％，锡 10％，锡含量太低，出土之时镜面已经生锈。考古学家又在甘肃广河县齐家坪遗址 41 号墓找到了一面青铜镜，背面素面无纹。它在地下埋藏 4000 多年，出土后仍然明亮可以照人。值得注意的是，它的直径只有 6 厘米，却可以照全人面，原来它是一面凸球面镜。人们原先以静水面照影。在发明青铜镜之初，总是仿照静水面，铸造平面镜。但是要照全人面，镜子就要铸造得大些，而在当时青铜比较昂贵。这个矛盾如何解决呢？聪明的齐家人就将镜面铸成凸球面，成像缩小，小镜就能照全人面。由此可知，齐家人早就开始铸造青铜镜。铸造凸球面镜是他们制镜工艺的新发展。

平面镜和凸球面镜是中国最早生产的反射镜。到了西周时代，中国

**朵马台遗址出土的铜镜**

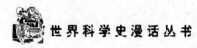

又出现第三种反射镜——凹球面镜，也就是青铜阳燧。周朝王室还设有"司烜（xuān）氏"的官，掌管以阳燧取火于太阳。有趣的是，1995 年 4月，考古学家居然在陕西扶风县黄堆村西周墓葬群的 60 号墓找到可能是司烜氏的阳燧。这面青铜凹面镜呈圆形，直径 8.8 厘米，厚 0.19 厘米，形状与现在的圆形太阳能灶相似。经过西北光学仪器厂测定，它的曲率半径是 20 厘米，是一面标准的凹球面镜。黄堆 60 号西周墓距今约 2900年～2800 年（公元前 950 年～前 850 年，相当于周穆王到周厉王之时）。因为埋在土里年代久远，这面阳燧出土的时候已经通体长满翠绿色铜锈。周原博物馆于当年 8 月，依样画葫芦，照原样翻铸了一件原制品。在强阳光下，复制的阳燧最快只需要三五秒钟，就能将放在它焦点处的易燃物引燃而产生明火。

1956 年～1957 年，在河南陕县（今三门峡市）上村岭 1052 号春秋时代虢国墓，考古学家又找到了一面青铜阳燧，直径 7.5 厘米，焦距 3.3

三门峡市上村岭春秋虢图 1052 号墓出土的青铜阳燧：上——背面图案；下——纵截面图。

厘米～6.7厘米间，凹面呈银白色，有一些绿色锈斑。一起出土的还有一个扁圆形的小铜罐，大概是供盛放引火艾绒之类、配合阳燧取火之用的。这面阳燧是公元前550年入土的，距今（考古学上的"今"规定为1950年），已有2500年的历史了。虢是周代一个姬姓小诸侯。由此可见，当时不仅周朝王室，就是诸侯国也都拥有阳燧。

到了战国时代，墨家的经典《墨经》对平面镜、凹球面镜和凸球面镜这三种反射镜的成像规律也作了忠实的记录和相当精彩的总结，阐述的理论今天看来虽然还不是太完善，但却是基本正确的。

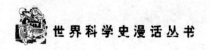

# 从嫘祖教民桑蚕说起

中国是丝绸的祖国，有"丝国"之称。早在新石器时代中后期，中国人开始利用野蚕丝来织绢，进而驯化野蚕为家蚕，并且摸索出种桑树养蚕、从蚕茧缫（sāo）丝织绸，提供了当时世上最美丽豪华的织物，至今不衰。几千年来关于丝绸流传着许多动人的故事。

## 伏羲氏首创利用野生桑蚕丝

蚕是鳞翅目昆虫，有许多种，分属于天蚕蛾和家蚕蛾两科，当然原来都是野生的。野蚕都能吐丝作茧。大概在新石器时代中期，一些绝顶聪明的先民见了树上的野蚕茧丝，思想受到很大的触动。早在旧石器时代晚期，我们的祖先就利用野生的蔴、葛的茎皮，加工成纤维，结绳织网和纺纱织布。也有用野兽的毛纺织的。先人们穿的衣服主要是蔴葛纤维织物做成的。但是用蔴葛茎皮加工成纤维手续麻烦，太费工夫。聪明人见了野蚕丝就想到：何不利用这种漂亮、结实的现成纤维呢？事情就这样干起来了。人们利用野蚕丝像蔴葛纤维和兽毛那样纺织成丝织品。在各种野蚕中，人们挑中了家蚕蛾科的桑蚕。在历代相传中，人们将以野生桑蚕丝织成稀疏的丝织品的首功归于东夷的伏羲氏部族。这种传说颇有道理，因为伏羲氏是以植物纤维结绳织网，用来捞鱼鳖、捕禽兽著称的。

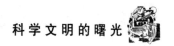

# 一个牙雕蚕纹小盅

　　1978 年，考古学家在浙江余姚市河姆渡遗址发现了一个距今 6700 年～6000 年的象牙雕刻小盅。它的平面呈椭圆形，中空却是长方形的，圆底，外壁雕刻着编织纹和蚕纹图案，制作精细。口沿处还钻有对称的两个小圆孔，大概是便于穿绳悬挂的。最让昆虫学家和纺织专家感兴趣的是，由四条似乎在蠕动着的桑蚕组成的图案，它们身上的环节数都与家养桑蚕相同。这说明了什么呢？说明河姆渡先民已经饲养家蚕，并且利用它的丝来织造，这给他们带来很大的利益。原始社会里的人们往往将衣食之源神化起来，加以顶礼膜拜。这个象牙小盅固然可以当作工艺美术品来欣赏。不过在先民的心目中，悬挂着它，恐怕主要表示对蚕神的感恩和崇拜。

　　河北正定县南杨庄仰韶文化遗址（距今 5400 年±70 年）出土的数枚陶蚕蛹、辽宁锦州市沙锅屯遗址（距今 4000 多年）出土的长几寸的大理石家蚕雕刻、河南安阳市大司空村商代遗址出土的玉蚕以及商代青铜器上的蚕纹，恐怕都是崇拜蚕神的产物。事实上，商代甲骨文中，也的确有祭祀蚕神的卜辞。

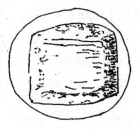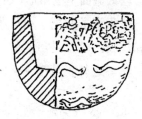

浙江余姚市河姆渡遗址距今 6700 年～6000 年层位出土的一个象牙雕刻编织纹和家蚕纹小盅：左为鸟瞰图；右为侧视图。

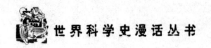

# 嫘祖教民桑蚕丝绸

相传黄帝的元妃是西陵氏女，名叫"嫘祖"。在先后战胜炎帝和蚩尤之后，黄帝从河北涿鹿县迁都到河南新郑县，嫘祖就将当时比较先进的种桑、养蚕、缫丝、织绸的技术推广到中原。

当时河北的桑蚕、丝绸业的确是比较先进的。正定具南杨庄遗址出土的陶蚕就是证明。只有桑蚕、丝绸业取得很大成功，人们得到实际好处，才会对蚕神表示感恩和崇拜。南庄头遗址的时代要比黄帝早 400 年～700 年。在这几百年间，河北的桑蚕丝绸又取得了相当的进展。嫘祖普及推广桑蚕丝绸技术，对后世影响很大。在周代，每到蚕忙季节，都要实行周王后"亲桑"和"亲缫"的礼仪，以示王室的高度重视。

不过，在黄帝和帝颛顼时代，全国蚕桑、丝绸业历史最悠久、技术最高明的地区大概要数江南。1958 年，考古学家在浙江吴兴县钱山漾良渚文化遗址（距今 4710 年±140 年），发现了一个竹筐里装着绢片、丝带和丝线。有幸其中一小块绢片还没炭化。据浙江省纺织科学研究所鉴定，那是家蚕丝织物，平纹组织，密度每英寸 120 根，相当紧密。纤维截面积是 40 平方微米，丝素截面呈三角形，是从家蚕茧中缫出再织造的。同时出土了缫丝工具——索绪帚两把，用草茎制成，柄部用麻绳捆扎。蚕丝的主要成分是丝素和丝胶。丝素是茧丝的本体，是近乎透明的纤维，不溶于水。而丝胶包裹在丝素之外，是带粘性的物质，易溶于水，特别是热水。将蚕茧

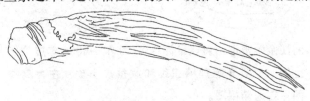

**钱山漾遗址出土的索绪帚**

内的蚕蛹杀死，放到热水里去，丝胶就溶解，丝素与丝素分开。用索绪帚把丝头挑出来，卷到丝轴上去，那就是缫丝了。一个蚕茧就是由一条蚕吐出的一根长丝卷绕而成的。缫出丝来，就可以根据需要加工成各种丝织品。

在周代，王室设有"典丝"官职，掌管丝绸。50 年代以来，出土的周代丝织品种类繁多。从组织上看，有无花纹的，也有提花的绮和锦。还出土了丝锦被、丝绳、丝带和刺绣等。在战国时期的青铜器上，发现了生动的采桑图。

战国时代青铜器上的采桑图

美丽、潇洒、穿着舒适的中国丝绸早就享誉全球。人们往往只知道中国丝绸是在汉代通过陆地和海上丝绸之路远销西方的。据说在古罗马，丝绸与黄金等价。其实，早在春秋战国时代，中国丝绸就驰名西方。古希腊人甚至将中国称为"丝国"。根据在国际享有很高权威的美国《国家地理》杂志 1980 年 3 月报道，德国考古学家在德国南部斯图加特的霍克杜夫村，发掘了一处公元前 500 多年的古墓葬，墓主人是克尔特族的一位王子。他随葬的衣服上绣有美丽的中国丝线。

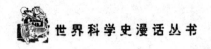

# 拘兽为畜的故事

由于在旧石器时代晚期，人们深感依靠狩猎很难达到温饱，因此就设法拘捕幼兽，一代代地加以繁殖驯化，成为家畜。这样就创造了畜牧业，人类也就进入新石器时代。"拘兽为畜"也充满了趣事。

## 家猪驯化超万年

在启蒙读物《三字经》中，将主要家畜家禽概既括为六畜：马、牛、羊、鸡、狗、猪。从提供畜力看，马和牛当之无愧地应该占先。而从提供肉食看，猪无疑冠于六畜之首。

中国家猪是从华北野猪和华南野猪驯化而成的，驯化时间已经超过一万年。它们作为重要的基因库，对国内外家猪良种培育起着重要作用。

河北徐水县南庄头遗址的先民们，生活在距今 10815 年～9690 年[①]，他们已经饲养家猪。这些家猪显然是华北家猪的老祖宗。广西桂林市甑皮岩南越人的洞穴遗址里，也发现了一些家猪遗骨（出土层位至少距今9000 年），年龄多半在一岁左右。这大抵是华南家猪的老祖宗。

---

① 没有经过树轮校正。

**野猪的驯化：上——华南野猪；**
**中——河姆渡原始家猪；下——**
**现代华南家猪。**

在北方，主要分布在豫西山地东部与华北大平原接壤地带的裴李岗文化①遗址（距今 8300 年～7100 年），还出土了猪头陶塑。辽宁阜新县查海兴隆洼文化②聚落遗址（距今 8000 年～7000 年）里，几乎每间房址都

---

① 以最初发现于河南新郑县裴李岗而得名。
② 以最初发现于内蒙古敖汉旗兴隆洼而得名。

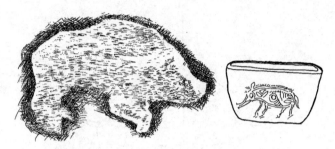

河姆渡遗址的陶猪（左）和猪纹陶钵（右）

埋有家猪遗骨。继承兴隆洼文化的辽西红山文化①（距今五六千年）的先民，更对家猪情有独钟。他们精心创作了泥塑或玉雕的猪龙，把家猪的形象融合进神圣的龙身上去。

在南方，长江中下游也很早就饲养家猪。特别是钱塘江两岸的桐乡县罗家角和余姚市河姆渡遗址，都发现了猪形陶塑。河姆渡遗址距今7000年～6700年的层位里，出土了一件陶猪和一件猪纹陶钵。这件陶猪腹部下垂，四肢较短，作奔驰状。从躯体前后部的比例分析，华南野猪是7：3，现代华南家猪是3：7，而河姆渡陶猪是1：1，可见它已经不是野猪，但是还比不上现代家猪，也算是原始家猪了。

有趣的是，家猪逃到野外，在地广人稀的地方，能重新野化，不过已经成不了野猪。200多年前，英国人开始成批成批地移民澳大利亚，移民们带去一些家猪，因为人手不够，照顾不周，不断有家猪逃到野外。澳洲没有土生土长的猛兽。当初土著人从亚洲带来的澳洲野犬，由于爱吃羊，而被牧民不断围歼。野化家猪在澳洲称王称霸，种群发展到几百万头。野化家猪肉味介于野猪和家猪之间，别有一番风味，受到国际市场的欢迎。

---

① 以最初发现于内蒙古赤峰市红山而得名。

# 恶狼转化为人的朋友

在中国，狼是差不多与野猪同时被驯化的。

在童话里，狼是一种十恶不赦的典型猛兽，又凶残，又狡猾。事实上它也的确给人畜带来严重危害。尤其是饿狼群，它们团结一致，天不怕地不怕，毫不在乎个体的牺牲，前仆后继，勇往直前，凶猛出击，甚至可以最终杀死凶熊和猛虎，并把它当作自己的美餐。没有想到，狼居然能被驯化为家犬，由人类不共戴天的仇敌转化成忠心耿耿为主人服务的朋友。

早在一万年前，河北徐水县南庄头先民就养着家犬。后来在南北各地都普遍养狗。一般来说，与狼相比，狗的骨架小些，吻部短些，牙齿排列紧密些。

起初人们养狗是为了吃肉，后来发现了狗的种种出众的才华，情况就根本改变了。它的主要任务是帮助人看门、牧羊、打猎、拉雪橇等。在现代，还让它当警犬、作宠物等。为了适应不同的用途，人们培育出来的家犬品种真是五花八门、不胜枚举，有大到八九十千克重的圣伯纳犬，有小到 5 千克以下的小哈叭狗。

**可爱的家犬（左）是从凶残的狼（右）驯化而来的**

家犬逃入山林，也会重新野化，经过长时期可能成为亚种。很早很早以前，澳洲土著人从亚洲引入家犬，它们逃入山林而重新野化，身体结构和习性与家犬相似。不过，它已不会犬吠，只会狼嚎。它身体结实，毛短而柔软，有一条毛尾和两只竖立的尖耳朵。长 1.2 米（连尾巴），肩高约 60 厘米。毛色浅黄或微红褐色，腹部、脚和尾巴尖是白色的。它在澳洲无法无天，消灭了袋狼和袋獾，又危害羊群。因此牧民已将大多数地区的澳洲野犬消灭。

## 从原鸡到家鸡

家鸡是从原鸡驯化而来的。中国是原鸡的产地，很早就将它驯化了。家鸡与它的远祖原鸡模样颇为相似。原鸡栖息山区密林中，食种子、谷物和嫩芽，兼吃昆虫和蠕虫。雄鸡鸣声好像"茶花两朵"，因此云南俗称"茶花鸡"，终年留居云南、广西南部和海

原　鸡

南。在远古，它的分布地域大概相当辽阔，因为江西万年县仙人洞遗址有原鸡遗骨出土。国家已将原鸡列为二类保护动物。距今七八千年前分布在河北南部的磁山文化①遗址，就有家鸡遗骨出土。原鸡头大，体轻，经过驯化成为家鸡，体重增加，更适于食用。

---

① 以最初发现于河北武安市磁山而得名。

# 牛、马、羊的贡献

《三字经》将马、牛列为六畜的头一、二位，是很有道理的，因为它们作为役畜，能帮助人类大大提高生产力。

牛的驯化比马要早。牛有黄牛、水牛之分。磁山遗址有家黄牛遗骨出土，河姆渡遗址有家水牛遗骨出土，起初养牛也主要为了吃肉，到了商代，牛用于耕田、拉车，身价百倍。

**蒙古野马**

家马是由欧洲野马和蒙古野马驯化而来的。家马的主要祖先欧洲野马的最后一匹死于乌克兰原野，已经绝种。幸亏中国新疆与蒙古国交界地区尚有蒙古野马，它是俄国探险家普尔日瓦利斯基于欧洲野马灭绝几年后，在中国新疆准噶尔盆地发现的。不过那也是极其珍稀的动物，现在人们已经多年没有在野外见过它了，不知它是否已经灭绝。幸亏全世界几十个动物园还养着几百匹蒙古野马，才得以繁衍种群。

中国虽然有野马，但是家马的出现却比较晚。猪和狗都是在新石器时代早期就驯化了，而马的驯化大约在青铜器时代初期（距今四千几百年）。东边有山东章丘市龙山镇城子崖和吉林扶余县北长岗子，西边有甘肃永靖县马家湾等遗址，都出土了家马遗骨。

家马一出现，就受到人们的高度重视，因为它能拉车载人载货，包括拉战车。在先秦时代，中国天子被称为"万乘之君"，因为他们拥有上万辆战车。以马作为骑兵的坐骑要比马拉车晚些，那是战国时代的事。至于让马拉犁耕地和做各种工作，还要更晚些。

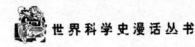

相传商朝王室拥有大量羌族牧奴，专门放牧马、牛、羊，因此每逢大祭，商王室能动辄使用牛、羊几十头、几百头甚至上千头。周朝王室设有不少与马相关的官吏。例如设"牧人"的官，掌管家畜的饲养、放牧和繁殖；设"兽医"的官，掌管为牲口治病；又特设"校人"的官，掌管王室马政。

顺便讲一下羊的驯化。羊有山羊和绵羊之分。家山羊是从野生捻角山羊驯化而成的，而家绵羊是从某种野生盘羊驯化而成的。在中国，羊的驯化也很早，尤其是山羊。距今 9000 年以上的广西桂林市甑皮岩洞穴遗址，就已出土了家山羊的遗骨。距今 8300 年～7100 年的裴李岗文化遗址，还出土了羊头陶塑。捻角山羊是典型的高山动物。它的夏季栖息地常常超过海拔 6000 米，还故意挑选崎岖险峻的地段活动。这里连高山肉食动物如雪豹、猞猁、狼都罕至。而它灵活矫健，又加穿上一件厚"皮袄"，履险如夷，不怕高寒。经过人工驯化，它却能适应全中国各种自然条件，令人赞叹。

捻角山羊

野羊一驯化，发展就很快。家羊不仅成了草原牧区的主要牲畜，而且在农区也被大量养殖。它为人类提供的肉食和毛皮数量惊人，可说贡献不小。

# 保护动植物资源的故事

　　人类最初的生活来源主要靠采集植物的可食部分，如浆果、干果及某些块茎部分等，后来又逐渐学会捕捞和狩猎。随着渔猎技术的不断进步，渔猎产品的比例也不断提高。

　　在旧石器时代晚期的许家窑人遗址，人们发现了不少的猎获物，如野马遗骨300多匹，披毛犀11匹，还有羚羊遗骨等。因此，许家窑人也被称为"猎马人"。山西峙峪人的猎物中也有野马120匹、野驴90匹、小羚羊近百只、鹿130头，还有披毛犀、水牛和驼鸟等。因此，峙峪人也有"猎马人"之称。北京山顶洞人猎取的动物种类就更多了，它们包括梅花鹿、野兔、虎、豹、洞熊、洞穴鬣狗、赤鹿、满洲鹿、羚羊、牛和骞驴等，此外，他们还捕鱼，如青鱼和鲤鱼等。

　　食肉可使人们的体质获得改善，对人类的进化是很有意义的。然而，由于狩猎技艺的不断提高，大量捕杀动物，对人类的食物来源也会产生不利的影响。到了黄帝时代，人们开始注意到这个问题，并采取相应的措施。有些部落作出规定，不许在野兽怀孕和哺乳时期捕杀动物，尤其是像幼鹿、幼熊等幼小的动物；同时也不许采食野禽蛋。这些措施可以保证野生动物的繁衍，并且有力地保护了野生动物的资源。

　　黄帝时代，人们注意到动物资源的保护，到了舜的时代，人们还设立了专门管理环境的机构——虞和衡。舜专门任命的9官22人中，伯益是虞官。此后，中国的许多朝代也都设有虞和衡，负责主管环境保护的工作。

《周礼》记载，当时设有山虞、泽虞、川衡和林衡等官职，由它们具体地管理山林川泽。唐代的史书中记载，虞部的官员要负责对京城街巷的绿化。由于他们还要负责山林的管理，因此要负责对城镇居民柴薪的供给，这就要采取防止乱砍乱伐的措施。他们也负责皇家田猎之事，特别强调捕渔和打猎要按季节要求，不能随便捕猎，甚至规定，在首都附近几百里内不许捕猎。明朝政府对环保更加重视，严禁在一些名胜地区带"斧斤"进入，严禁打柴和打猎。

在一年四季中，动物的怀孕和生长期几乎是固定的，中国很早就注意到这种规律，并注意保护它们。例如，在先秦时期，人们已注意到，夏季是动物的生长期，因此对捕鱼的网眼要求不能太小。对植物的保护也是如此，如在春季进入山林不能乱砍，让草木萌发生长。

由于环境保护非同儿戏，并且为了加大对破坏环境的人的惩罚，人们还以法律的形式规定下来。1975 年 12 月，考古工作者在湖北云梦县睡虎地区发掘了一座秦代墓，墓主名叫喜，他是一位法官。大概是希望在阴间还会得到法官的任命吧！他还带着一套竹简书进入了坟墓。这就是著名的"云梦秦简"，其中有《秦律十八种》。这些《秦律》中的"田律"就是秦政府以法律的形式来保护环境和资源的律令。此后，各个朝代也都颁布了相应的法律、禁令和诏令等，这都有利于当时环境的保护和经济的发展。

环境不仅是古老的话题，也是现代社会中一个重要的问题。为了保护环境和发展经济，人们又提出了"可持续发展"的战略。从字面上是很容易理解的，然而许多人可能还不知道我们的祖先在炎黄时期就实施了类似的"战略"，我们处在现代文明的社会中应该都有明确的意识和责任保护"祖宗"留下的这份基业——环境。

# 从神箭手后羿说起

　　说到射箭，我们现在大概只能在运动场上才能看到这种表演。在古代，射箭可是一种非常重要的军事技艺。据说，唐代开国皇帝李渊和李世民父子就是射箭高手，并且他们也非常重视士兵射箭的训练。毛泽东的诗句"一代天骄，成吉思汗，只识弯弓射大雕。"就是讲蒙古人骑在马上尚有很好的射箭本领。依靠这种技艺，蒙古人建立了横跨欧亚的庞大帝国。然而，更加神奇的是，传说中的夏代神箭手后羿射箭本领更高。后羿曾经为老百姓办了很多好事，最突出的是，他利用手中的弓箭先后射死了许多庞大的猛兽，并且射下了天上多余的 9 颗太阳。这些太阳曾把大地晒裂、河流晒干、树木晒枯、庄稼晒死，人畜在热浪的袭击下奄奄一息。

　　传说，弓的发明人是挥，箭的发明人是夷牟，他们都是黄帝的臣子。但也有传说，弓箭的发明人是后羿。其实弓箭的发明年代极为遥远，并且是远古人类的重要发明。

　　最初，人们狩猎的工具主要是用棍棒或投掷石块，后来才发明了投掷标枪的办法。这些办法虽然不错，但效率低，为此又发明了投石索和弓箭。

## 投石索

　　古人狩猎就已注意人们之间的相互协作关系了。从场面上看，人们是有力的用力，无力的就呐喊助阵。人们将猎物团团围住，齐声呐喊，并投

**远古时期的狩猎场面**

掷石块和标枪。在西安半坡遗址中发掘出 240 枚石球和 327 枚陶球，在陕县庙底沟遗址中发掘出 45 枚石球，这些都是狩猎用具。更早的石球是旧石器时代的，据说，陕西"蓝田人"就使用了石球，旧石器时代中期的山西襄汾的"丁村人"和阳高的"许家窑人"也发现有数以千计的石球。他们使用石球时可能是先用绳索拴好，再抡起来发射出去。经过训练的猎人，他们可以将石球很准确地击中猎物。由于抡起来后，可以使石球得到较高的速度，进而使石球射出很远的距离，比标枪投射的距离还要远，这种装

**纳西人在使用投石索**

置叫"流星索"或"投石索"。这是当时一种很先进的狩猎工具。

尽管发明这些工具的年代已很远了，但是直到 20 世纪，我国云南的纳西族还在使用投石索来狩猎。除了狩猎，后来在氏族部落间的战争中，投石索也是一种重要的武器。

# 弓　箭

标枪和投石索是最早的远射武器，但是，到了旧石器时代晚期，人类发明了更加先进的武器——弓箭。考古工作者在山西朔县峙峪村和襄汾县丁家沟，以及垣曲县下川等地的旧石器时代晚期遗址发现了石制箭头，经测算，它们距今已有 28000 年了。

**各种各样的箭头**

从考古发掘的情况来看，中石器时代以来，弓箭已使用得较为普遍了。例如，西安半坡遗址中发现的骨质箭头有 280 多个，石箭头 6 个，距今也有 16000 年了。浙江吴兴县钱山漾遗址发现的石箭头有 120 多个，骨箭头 1 个。以半坡遗址的箭头为例，按形状分类，它们可分为双尖式、三角形式、弯铤式、凹腰带翼式、圆锋式、圆柱式、柳叶式等 10 多种。

弓与箭不同，弓的材料多为木质或竹质，因为竹木容易加工，所以古人有"弦木为弧，剡木为矢"的说法。最初弓是用单片的木头或竹材制成，估计箭只是削尖的木杆或竹杆。因此，弓箭的发明可能远于 28000

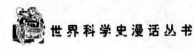

年以前。

为了增强箭的杀伤能力，最初是在箭头加装非常锋利的尖头，主要用骨头或石头制成，这种箭头被称为"镞"。后来，为了增强箭飞行时的稳定性，以提高命中率，在箭尾处又加装了羽毛，即箭羽。

弓箭是储存和利用机械能的最早例子，由于它在极短的时间内释放了能量，箭就可以迅速地射出，并飞到较远的地方。这样，原始人借助弓箭对付猛兽就容易多了。

弓多为竹木所制，埋在土中易腐朽，因此，在新石器时代的遗址中，虽有各种样式和各种材料的箭镞被发掘出来，但完整的木弓却一直未被发现。然而，从传说中的人物羿可以作这样的猜测：羿（与上面的后羿并非一人）是东夷的君主，而古代的夷字很像是一个背着弓的猎人。可以想象，东夷部落的工匠对制作弓箭是不陌生的。另外，借助民族学的材料，我们可以看到西藏珞巴族的弓箭是很原始的，弓用竹木制作，弦用皮条或兽筋制作，箭就是削尖的竹杆。而东北的赫哲族在 20 世纪初还在使用较为原始的弓箭，弓体是用水曲梨树为原料加工成形，再绑上用鱼鳔或鹿筋制的弦，箭上装了骨镞，其材料是鹿腿骨或熊的小腿骨。

弓箭不仅是古人狩猎的工具，后来在部落之间的战争中，弓箭也成了战争中的兵器。在江苏邳县大墩子新石器时代遗址中，人们看到一手握匕首的死者，他的左股骨上明显地射入一枚骨镞。它射入骨头达 2.7 厘米之深，可见箭镞力量之大。类似的现象在其他的古代文化遗址中也曾见到，这说明部落或部落集团间的战争的确是非常频繁和非常惨烈的。看样子，传说中的黄帝与蚩尤、黄帝与炎帝之间的大规模战争场面不像是虚构的，这是部落联盟向国家转化的必要的过渡阶段。

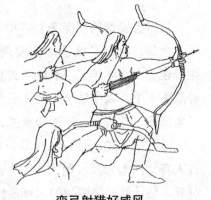

弯弓射猎好威风

# 良渚玉器何其多

　　就像仰韶只是河南渑池县的一个小村子、龙山只是山东章丘的一个镇子一样，良渚是浙江余杭的一个镇子。1936 年，一位学者在良渚——他的家乡发现了一批陶片。这是他首次在当地进行考古发掘的成果。当时他认为良渚遗址属于黑陶文化（即龙山文化）的类型。后来人们很快就发现他错了。但他却揭开了良渚文化研究的序幕。

　　在良渚文化各个遗址的发掘结果中，人们发现，它们差不多都出土有大量的玉器。说到玉器，你可以听到琢玉匠或地质学家报出的一大堆各种各样的玉石名称。但是匠人与科学家的标准是不一样的，后者往往是从矿物学角度去评判玉石的硬度和色泽等。匠人主要关心的是为琢成玉器的某些形状来进行选择，这种选择往往是带有文化上的品味。古人认为，玉石的美应兼有五种品德，即坚韧的质地，晶润的光泽，美丽的色彩，致密的组织，舒适的音响。因此，古人选择玉石往往除了真玉之外，还有水晶、绿松石、玛瑙、孔雀石、琥珀、蛇纹石，以及红宝石、绿宝石等。尽管它们并不是玉石，但缕雕成的器物同玉器的观赏效果是一样的，因此也权且将它们归为玉器。

　　较大的良渚文化遗址都分布在江浙一带，基本上是环太湖地区。大多数墓葬都有许多玉器出土，最典型的是江苏昆山赵陵山遗址，它的一个大墓中的随葬品有 160 多件，其中各类玉器多达 125 件。

　　在浙江余杭县反山良渚文化遗址中，有一座墓出土了一件玉制的钺。

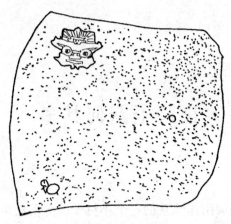

**反山墓出土的玉钺**

它在良渚文化玉器中可称首屈一指。这件玉钺分为三部分：钺、冠饰和端饰。

钺系软玉抛光制成，通体青色带褐斑。它高近 18 厘米，刃宽约 17 厘米。可能未曾使用过，因此无锋口。钺身上有一直径 5 厘米的小孔。在刃部的正背两面上都有浅浮雕的神人兽面像，而刃部下角都有浅浮雕的神鸟纹饰。这些图像可能是一种"徽记"，象征一种神。

冠饰和端饰是一种装饰，它们用于木柄上下两端，是一种专用的配件。为了安装得牢固，这些配件设计得非常巧妙，使用了榫卯结构。

钺是一种生产工具，但这里的玉钺制作得非常精美，不具有使用的功能，可能是表示一种权贵的象征，估计墓的主人负责对外征战。

在这座墓中还出土了一件硕大的玉琮。这种玉琮为一矮方柱体，高 8.8 厘米，上表面的最大线度为 17 厘米，重达 6.5 千克，通体为软玉制成，呈黄白色，略带紫红斑。这个玉琮为现有玉琮之首，因此被称为"琮王"。它的雕刻非常精巧，纹饰典雅。这个玉琮上也有神人兽面纹。发掘此墓时，玉琮放在墓主人的头骨左上方。

玉琮是一种明器（专供死人用的器物）。《周礼》上有"黄琮礼地"的说法，但这并非夏、商、周三代所独有的礼制，在 5000 年前的良渚文

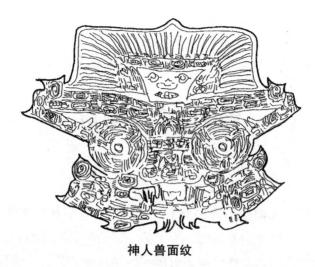

神人兽面纹

化时代就已有这种作法了。在江苏吴县草鞋山的良渚文化遗址中也有多层玉琮随葬，由此可见，良渚文化的"玉敛葬"不仅在当时广泛使用，而且对后世影响非常深远。

由于良渚文化遗址中有许多玉器出土，它在古代科学和文化发展中占有重要地位。又由于玉器在红山文化、大汶口－龙山文化、陶寺文化、石峡文化、石家河文化、薛家岗文化以及台湾卑南和圆山文化都有成组的玉器出土，因此，有些专家认为，在人类发展史上存在着一个玉器文化时代，就像石器时代、陶器时代、铜器时代和铁器时代。由此可见，玉器对人类文化的发展确实起着独特的作用和影响。

# 绚丽多彩的陶器

　　远古时期，人们使用的器皿中，有编织的篮筐和竹木制的盆碗等。用它们放在火上烧煮肉和饭时，为了防止把篮筐盆碗烧坏，人们就将粘土涂在篮筐的表面，经烧烤后就形成了一层坚硬的外壳。这样的做法可能很不起眼，但它却预示着一场技术革命。

　　过去人们使用石头打制或磨制各种工具，或用木头雕刻成各种器具，并且还有利用骨头、贝壳和植物纤维的。然而，就最原始的陶器来看，尽管这只是将粘泥糊在篮筐并放在火上烧一烧，但它已经不是纯天然的材料了，而是"人造材料"，这的确是第一种非天然材料。

　　我们的祖先烧制出的最早的陶器已经不可能看到了。但是，我们国家出土的早期的陶器是从黄河流域新石器时代早期遗址中发掘出来的，它们的代表是河南新郑裴李岗遗址和河北武安磁山遗址出土的陶器，它们距今已有8000年的历史了。

　　裴李岗和磁山的陶器很原始，都是手制的，器壁厚度不均匀，多为常用的碗、壶、罐、钵，器物的表面也多为素面，少数表面的装饰也多为绳纹和划纹等，显得很粗糙。此外，在裴李岗发现少量的陶羊头和猪头，从中可以看到远古时期人们的意趣。

　　磁山遗址的陶器出现了一些红色的曲折纹，这对此后的彩陶制作可能产生了重要的影响。彩陶文化的重要代表有仰韶文化、大汶口文化和马家窑文化。其中最有代表性的是西安半坡遗址出土的一些鱼纹罐、人

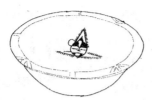

半坡的陶器——人面鱼纹

面鱼纹盆，以及大汶口的八角星纹陶豆。

说到人面鱼纹盆，这是在 20 世纪 50 年代的一次发掘中，在一个小孩瓮棺的顶盖上意外发现的。它那精美的图案和制作家丰富的想象力，实在是令人惊叹不已。在朴实简单的图案中，渗透着奇幻并稍带怪异的色彩。这种夸张的手法在美术史上的意义是无庸多言的。可是为什么如此构图呢？多数专家认为，这是一种图腾崇拜的象征物，它的意思是"寓人于鱼"。但也有人认为这是一个"福"字的图形文字，还有人认为这是一种渔猎的祭祀仪式。

人面鱼形的陶盆并不只发现于半坡，有趣的是，人们发现这个陶盆之后，先后在宝鸡北首岭、临潼姜寨等地相继发现了 10 余例，可以视作仰韶文化的典型代表。这种"寓人于鱼"的图腾标记不仅表现了将鱼人格化，而且标志着原始人类从动物崇拜开始向祖先崇拜的转化。此外，这种图腾艺术也反映出社会精神文明水平的提高，它是维护氏族集体利益的产物，可以加强人们之间的协作。因此，半坡的鱼纹状花纹可能就是一种徽号。这种徽号向邻近部族的传播和发展使鱼纹发生了变化，如宝鸡北首岭的细颈壶上绘有鱼鸟结合的图案。它的鱼纹中，头部有突起的鱼状腮，身有鳞甲，尾部钝圆，已出现龙纹的雏形。这种图形与后来山西襄汾陶寺出土的中原文化彩绘盘中的蟠龙纹很相似。由此推测，以龙纹为图

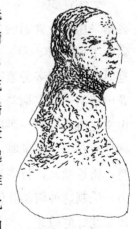

彩陶人头壶

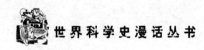
腾标记的氏族可能是从以鱼纹为图腾标记的半坡部族中派生出来的。

1973年，考古工作者在青海大通上孙家寨新石器时代遗址发掘出一件有舞蹈图案的彩陶盆。这的确是一个重大发现，发现的人们怎能不为之舞蹈呢？这个陶盆是马家窑文化的重要遗物，距今约5000年左右。这个陶盆的上部有三组（每组5人）的舞图案，每

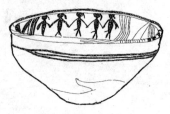

有舞蹈图案的彩陶盆

组图案的内容都一样。这些人跳舞可能是表现庆祝狩猎的场面，也可能是表现狩猎的场面。这表现出制陶人不仅有良好的技艺，而且有很好的艺术表现能力；它也反映出当时人们的艺术鉴赏能力，可以看作是最早技术美学的标本了。

除了裴李岗的陶制羊头和猪头像，后来还出现了人头像，以及猪形、鹰形等的陶塑像。特别是陕西洛南出土的红陶人头壶，它是一个女孩人头，脸型属典型的蒙古人种型，但脸上的笑容很自然、顽皮，并且眯着眼，口中好像在诉说着什么，一脸稚气，十分天真可爱。由此可以看到陶塑艺人娴熟的技艺和鉴赏水平。

大约在5000年～6000年是龙山文化的发展时期。这时的制陶工艺主要是采用快轮旋制的技术，陶土多为可塑性好的粘土和黑土。其烧制的器物主要有杯、豆、壶、鼎等，器物上的把和盖之类的附件渐多起来。这时期的陶器多为素面，但喜欢镂孔做装饰。最突出的成就是山东章丘龙山镇出土的高柄杯，它薄如蛋壳，但质地极其坚硬。这种蛋壳陶是龙山文化所特有的一种陶系。由于陶色又黑又亮，故而称之黑陶。黑陶高柄杯只有1.5毫米厚，最薄处只有0.2毫米～0.3毫米。高柄杯的造型规整，质地细密，特别是漆黑光亮的色泽，成为人们十分珍爱的收藏品。由于烧制这种陶器在快结束时通过熏烟渗碳进入陶坯体之中，这才能出现如此好的效果。即使是今天的制陶高级工匠仿造它们也是很困难的，可见其制作技术水平之高。

**黑陶高柄杯**

夏、商、周时期的制陶业已形成一个手工行业了。特别是商周时期，由于经济的发展，人们对物质和文化的追求提高了，陶器的用途更广了。除了生活用陶之外，由于建筑业形成了，建筑上也应用起陶制的板瓦、半瓦当、排水管、砖和井圈等。由于青铜冶铸业的形成，冶铸时也要使用陶制坩埚、陶模和陶范等。因此，陶器的含义并不局限于器具，它的含义包括一个（也是第一个）独立的手工业部门。

尽管如此，作为制陶工艺的新成就，商代的刻纹白陶是很突出的。这种白陶的表里都是白色，它的烧成温度很高，可以达到1000℃，质地致密，硬度很高。在制作时，对原料的淘洗要求很高，素净细腻。由于它又吸收了青铜工艺的造型和风格，使白陶的造型显得更加精美，完全可以与青铜器相媲美。商代留下的白陶只有几十件，其中最突出的是故宫博物院收藏的几何纹白陶瓿。它出土于河南安阳的殷墟，是殷商刻纹

**陶制水管**

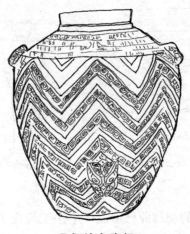

**几何纹白陶瓿**

白陶的代表。这件白陶瓿高 20 厘米，口径近 19 厘米，外形近乎球形。它仿照青铜器的样式，显得庄重饱满，表面刻饰的花纹很规整，可能在刻划之前已有严格的设计。由于构图严谨，色调虽然简单，但明暗处理得很得当，特别是刻缕精美，凹凸对比很强烈，在商代白陶制品中绝对是上乘之作。

白陶制品的产生说明中国最早使用了高岭土烧制陶器，它除了导致白陶的产生，还为后来的制瓷技术奠定了基础。

# 尖底瓶中的科学

　　有幸到西安的人都知道，西安不愧是一座文化名城，那里有众多闻名中外的文化古迹。特别是位于西安东郊半坡村的半坡遗址博物馆，一年四季都是游人不绝。在这里人们可以看到，6000 多年前的新石器时代，我们的先民生活和劳动的场景。这里有半坡人居住的房舍，储藏物品的窖穴，饲养牲畜的栏圈，烧制陶器的窑址，以及墓葬的复原。在众多的器物中，彩绘斑斓的陶盆、陶钵和陶壶是非常显眼的，它们的花纹和鱼（尾）纹给人们留下很好的印象。然而半坡人汲水用的陶瓶，它那奇怪的瓶形也常使人有些迷惑不解。恐怕在刚进入博物馆大门时看到水池中假山石上少女汲水使用底部尖尖的陶瓶，就已经使人们陷入一种莫名的遐想了吧！

　　这种陶瓶也有称做陶罐的。它的外形是上部接近半球形，下部接近圆锥形，两耳在中间偏上的部位，瓶颈较细，瓶口不大，但比瓶颈略开些。总的来说，它是中间大，两头小，两耳可以系绳提拎。然而提拎它并不容易。空瓶时，由于重心较高，稍一摇晃就会歪斜。但是汲水时，瓶底一接触水面，在水的浮力作用下，瓶口会自动倾倒，尖底会自动上翘。半沉的瓶口使水顺利地涌入瓶内。当瓶内的水逐渐多起来时，尖底也会下沉，使重心后移。灌入一定的水量时，尖底瓶就自动沉入水中，并且装满水就自动竖起。装满水后，由于重心高了，不能提拎，而只能抱着走。由于重心高，倾倒时很容易将水倒尽。如果是半瓶水，重心较低，同时由于重量较小，可以提拎，只是倾倒时要抱起以抬高瓶底才能将水泄出。

尖底瓶　　　　　用尖底瓶汲水的情形

如此精巧的制品，如此奇妙的原理，就是现代人也常常不禁叹为观止了。尖底瓶的优越性不仅大大方便了操作和提高了效率，而且它的科学性还说明，半坡人对重心的位置是有所认识的，并且对重力和浮力的作用应用得恰到好处，显得驾轻就熟，各取所需。半坡人为什么能想到这种奇怪形状呢？据半坡博物馆的人讲，可能是半坡人看到鱼在水面总是爱做张嘴的动作而受到启发的。

又过了3000多年，著名的教育家孔子带着学生到鲁桓公之庙，他们看到一种"欹器"，人们叫它"宥（yòu）坐之器"，意思是"右坐"之物，大概相当于后来的"座右铭"，有劝戒之意。孔子讲道："吾闻宥坐之器者，虚则欹，中则正，满则覆。"大意是说，我听说，这种"有坐之器"，空虚时是倾斜的，装到半满时是正立的，全满时则倾覆。孔子还让他的学生演示了一下，果然是具有这样的特点。孔子又感叹道："吁！恶（wū）有满而不覆者哉！"孔子的教育是侧重道德的培养，他教导学生要谦虚，不要自满。他所感叹的是，没有自满而不摔跟头的。其实这种满而自覆的现象，也是类似尖底瓶不稳定的情况，其原因是力学的，即"欹器"的科学性表现在人们对物体重心（质心）的认识。

这种欹器在当时的宫廷很流行，人们对它是不会陌生的，遗憾的是，这种欹器后来失传了。到晋代才由杜预复制成功，但效果还有不能令人满意的地方。南北朝时的著名科学家祖冲之复制的效果很好，据说与周代的欹器没有什么差别。在西魏时期，人们还制作了两个很大的欹器。一个是盘内有一手拿一钵的仙人，钵上有一座山，山上香烟缭绕。另一位仙人手持金瓶，金瓶高于山并可以倾瓶倒水存留在盘中，看上去山上烟起，这个叫做"仙人欹器"。另一个是，一盘中有两荷，两荷相距一尺多远，中间有莲下垂，将水注入荷中，并从莲蓬流出存留在盘中，这个叫做"水芝欹器"。这两种欹器都像酒器，呈方形，水满时较平稳，水溢出时就倾倒。这些欹器虽有华丽的装饰，但其原理与半坡人的尖底瓶没有什么区别。

60 年代，人们在北燕墓中发现有一种玻璃欹器。由于中国的玻璃生产工艺水平不高，估计是在大月氏商人的指导下制作的。从图中可以看出，它的工艺味十足，但外形同尖底瓶差不多，也

**玻璃欹器**

是小口细颈，鼓鼓的腹和尖尖的底，在肩、腹部粘有花纹。由于是横卧，在腹部粘成双足，使圆腹放置平稳。这个欹器空腹时重心位于中间的双足，满水时重心上移，可以将瓶中的水倾覆而出；半满时，瓶口朝上，水不能泻出。这也符合孔子的说法，"虚则欹，中则正，满则覆"。

从尖底瓶的制作历史来看，半坡人的原始欹器纯粹是为了满足实用，后来的欹器主要是为了说明"满招损，谦受益"的道理。帝王们将欹器放在庙堂之中，时时以欹器为鉴，公允地处理政务，以保证自己的江山万代而不败。

# 灿烂的青铜文化

在新石器时代的晚期，人们在寻找新材料时发现了一些天然铜，用它可以打制一些工具。然而，得到品质更好的青铜则需要一段较长的探索时期。

在大家熟知的文明古国中，古埃及最早认识了自然铜。大约在公元前4000多年前，古埃及人已打制出铜刀、铜斧和钢锄等，其冶铸的水平也是很高的。到新王国时期（公元前1342年～前1071年），古埃及进入了青铜时代。在苏美尔地区，约公元前4000年～前3500年间也出现了铜器，到公元前2000年～前1955年的乌尔第3王朝时期也进入青铜时代。古印度和古波斯的发展也类似。

从出土的文物来看，中国最早的铜器发现于陕西临潼姜寨的仰韶文化遗址，这是一块残损的黄铜片，距今约6600年。最早的青铜器是甘肃东乡林家村马家窑文化遗址出土的铜刀，距今约5000年。虽然有了铜器，但铜器的使用仍很少，仍以石器为主，所以这个时代被称为"铜石并用时代"。这差不多相当于龙山文化时代，距今5000年～4100年。

所谓青铜，这是因为它面呈青灰色而得其名。这是一种铜锡合金或铜铅合金。一般来说，青铜与红铜（纯铜）相比有三个优点：（1）熔点低、易铸造；（2）硬度高，根据需要调整合金成份的比例可得到不同的硬度；（3）溶液流动性好，气泡少，锋刃锐利且花纹细密。因此，青铜常被古人称为"金"或"吉金"，"吉金"的含义就是纯精美好的意思。

中国的青铜时代是从夏王朝建立的时代开始的。这一时期的铜器大量出土于河南偃师的二里头文化遗址，它们包括刀、镞、锥、鱼钩、铃等小型器物，以及很少的凿、锛、爵等器物，但没有矛和戈等兵器。其中的铜爵是我国出土最早的青铜容器，但只有一件。这件铜爵的名字叫"乳丁纹爵"，高22.5厘米，

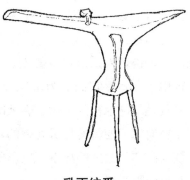

乳丁纹爵

长31.5厘米，外形非常精巧，但很朴素简练。总的来说，这时的铜器还比较简单，铸造的技术水平也较低，属于草创时期。

在河南郑州的二里冈和湖北黄陂盘龙城发现商代早期的青铜器工具很多，由于其实用性较强，通常是素面无装饰，同后来的青铜礼器很不相同。但是从青铜器的成份分析来看，这时的冶铸水平开始进入高级阶段。从郑州张寨出土的两个大方鼎来看，它们的重量分别达到62千克和84千克。

从商代中期到西周早期，我国的青铜冶铸业进入全盛时期，仅留存至今的各种青铜器就达万件以上。这时期的青铜冶铸均为奴隶主贵族所垄断，他们收藏了大量的珍品。例如，河南安阳的一座有名的墓葬——妇好墓，一次出土就有400多件青铜器。这位大名鼎鼎的妇好是商王武丁的配偶，也是一位有名的军事家。由此可见，当时殷都的青铜冶铸业十分发达。

从出青铜器数量的统计来看，商周青铜器有几万件，其中礼器最多，达2万件以上。礼器分为食器、酒器、水器和乐器。这四类之中，鼎的数量是最多的，鼎是奴隶主们盛肉的器具。其次是簋（guǐ，也称为"敦"），用以盛黍、稷、稻、粱。再次就是各种酒器，如爵和尊。这是由于殷商时期官宦饮酒成风，所以酒器非常多。还有用以盛水（酒）和洗手的盘和匜（yí）等，以及戈和剑等兵器。这些"吉金"制品不但"以蒸

以尝"，"以食以享"，而且逐渐地演化成权力的象征。

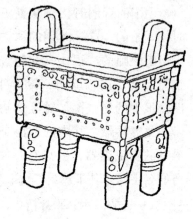

**著名的司母戊鼎**

传说，大禹治水后曾铸鼎九座，以象征中华九州。它们成为国家权力的象征，并且是传国承祚的宝物。春秋时期，楚庄王曾向周王的特使打听九鼎的轻重。后来演变出"问鼎"的故事，以影射那些阴谋篡权的野心家。

古人最重铸鼎，不但鼎器多，而且鼎器也很大。以最有名的"司母戊鼎"为例可以说明问题。这里还有一个关于司母戊鼎的故事。

1939 年，在河南安阳侯家庄武官村，一位名叫吴玉瑶的农民在自家的地里耕种，挖出了一座大铜鼎。吴玉瑶并不觉得稀奇，因为这里出土的甲骨和各种铜器、陶器难以计数。但是它太大了，大到可以用作喂马的马槽，这还是很稀罕的。当时人们就叫它"马槽鼎"。它毕竟太大和太重了，怎么才能把它运走呢？人们就想把它锯断，但仅锯一足还是不行，所以便悄悄把它掩埋起来了。可是消息还是走漏了，日本鬼子知道此事便来搜查，并出价 70 万伪币。然而，村民们毕竟还是很有气节的，谁也不交；后迫于压力，便交出了一个小鼎。抗战后，村民们将鼎重新挖出来，并作为蒋介石 60 大寿的寿礼运到南京。蒋介石指令将此鼎交给中央博物院。后来国民党逃往台湾时意欲带走，但终因太大，难于携带而放弃。

这座大鼎的腹内壁有"司母戊"三个字，它也因此而得名。这座鼎重 875 千克，如果考虑到它缺了一耳，原鼎重还不止于此哩！鼎上的装饰花纹以一种"云雷纹"为地，还有虎纹（耳外廓）、夔纹、牛首纹和饕餮纹（腹四角）、鱼纹（耳侧）等。

它为什么叫"司母戊"呢？专家们的解释是，商王的母亲叫戊，

"司"就是进行典礼或管理的意思，所以"司母戊"是商王母亲用的鼎。因为妇好墓出土有一"司母辛"鼎，二者型制相似，因此可以估计是商代晚期的作品。

司母戊鼎太大了，我们现在都很难想象它是怎样铸造成的。首先，铸造前要先做好粘土泥模，再据此来翻制成陶范。从铸造的痕迹来看，它需要20块范，除了双耳之外，整个鼎身是一次浑铸而成的。据殷墟出土的熔铜的坩埚（俗称"将军盔"）来看，每次只能熔12.5千克的铜液。由于鼎身是一次铸成，因此就需要至少70个"将军盔"同时化铜。如果每个"将军盔"要用3人~4人进行操作，就要用250人左右；如果再加上制模、翻范和拆范及运输和管理的人员，铸造此鼎至少要用300人以上。由此可以想象，铸此鼎不仅需要很高的技术，而且要彼此配合，要有较高的管理水平，即周密的规划和妥善的安排。像马克思所说的，"简单的协作，也可以生出伟大的结果来"。

是的！如果我们有机会到天安门广场东侧的历史博物馆参观，亲眼看一看司母戊鼎，它那厚重典雅的造型，恢宏的气势，美观庄重的纹饰，精益求精的工艺，都会给每一位参观者留下深刻的印象。

司母戊鼎的确可以作为殷商青铜文化的代表。西周时期呢？西周的代表作有三件：毛公鼎、散氏盘和虢（guó）季子白盘。

毛公鼎高54厘米、口径48厘米，腹围145厘米，重34.7千克。比起商代那种繁复的装饰，毛公鼎显得很简朴，因而也更显得典雅而庄重，浑厚而沉稳。这座鼎最有名的是，在它的腹内铸有铭文32行，499字，是现存铭文最长的一件青铜器。这篇铭文是一份完整的"册命"，记述了周宣王对臣子毛公厝（yīn）委以重任，要他忠心辅佐王室。毛公感恩戴德，铸鼎以示纪念，让子孙

毛公鼎

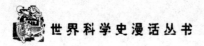

后代永远铭记。

除了铭文重要的史料价值，它的书法也是金文的典范。由于它的文辞典雅，可以同《尚书》相媲美，因此，毛公鼎为历代文人所看重。

散氏盘高 21 厘米，口径 55 厘米，足部饰饕餮纹，腹部饰简化夔龙纹，花纹很精致，铜铸精粹，呈深褐色，为中华文物中的精品。盘底有铭文 19 行，每行 19 字，除个别字不可辨认外，实有 357 字。铭文的内容是，周人与矢人的誓约，铸成铜盘，永志不忘。它的书法劲峭挺拔，苍凉古拙，是金文的范本，在书法史上占据重要地位。

虢季子白盘的外形像一个大浴盆，高 40 厘米，盘口长 137 厘米，为一圆角长方形，四壁各有两个兽耳环，饰纹粗犷质朴。整个器形端庄厚重，气势雄伟。盘底铭文 111 个字，大意是虢季子白征战古匈奴，大获全胜。周王对虢季子白大加赞赏，并赐宝物奖励之。虢季子白深感王恩，特铸此盘以纪军功。此盘冶铸精美，书法优美工整，为历代收藏家所看重。

这三件铜器中的毛公鼎和散氏盘现藏于台湾故宫博物院，而虢季子白盘现藏于中国历史博物馆。这些放射古代文明灿烂光华的青铜器是值得我们这些华夏子孙骄傲的。

# 时间的传说和最早的历法

"时间是什么呢？"

这个问题似乎并不复杂，然而当你表达时又会有点儿茫然，不是吗？

时间是一分一秒地过去的，这并不会使人有什么异样的感觉。然而，当你小学毕业时，你可能会想到刚上学的时候；当你中学毕业时，你又会想到刚进中学时。你就会感到岁月匆匆，倏而忽逝。天文学家编制了一部又一部的历法，可是也难以找到一个好的时间定义。1500 年前，罗马的一位主教认识到时间定义的困难。他说道："什么是时间？如果有人问我，我知道；如果要求我解释，我就不知道。"远古时期，人们是怎样看的呢？

## 关于时间的传说

纯粹关于时间的传说可能是没有的，但是在一些神话故事中，我们还是可以了解到远古人们关于时间的认识。

天地万物是永恒存在的？还是在某一时刻被神所创造的？西方和东方都有各自的认识，甚至到现在我们还在对它进行思考。

我们的祖先关于时间的起源是包含在盘古开天辟地的传说中的。盘古开天辟地之前，整个宇宙处于一片混沌的状态。盘古把日月从浑沌之

**盘古开天辟地**

中分离出来，宇宙创始之后，时间也就像脱缰的野马奔驰开来。后来盘古死了，他的身躯变作大地，其中头部变成山岳，肌肉化为土壤，血液散为湖海江河，风是他死后的呼吸，爬在他身上的虫子变成了人。

黄帝时期，羲和是专门管理观测日月星辰和预告季节变化的官员。这在当时叫做"授时"，这个词一直沿用至今。据说，当时的容成还编制了一部历法——《调历》。

尧的时代，天下升平。尧是一个圣君，因此当时有一种草可以用来计量一个月的时间长度，这种草叫蓂荚。每月开始时，蓂荚每天长出一个豆荚，到半个月时共长出 15 个；从第 16 天开始，蓂荚非但不长豆荚，而且每天要落下一个豆荚。如果是大月，每月正好 30 天，到第 30 天时，豆荚全部落完；如果是小月，每月 29 天，到最早一个豆荚时它虽不落下来，但焦枯了。这种草就像一个日历，因此，蓂荚就被称做"历草"。

蓂荚只是一种传说，自然界中并没有这种草。但是，东汉时的张衡运用巧妙的构思，终于创造出一种木质的蓂荚，以用作日历。

# 最早的历法

历法的编制对农事活动和祭祀活动至关重要。祭祀活动往往同时与对天地的崇拜活动有关，它大概要注意对日月星辰的运行规律的研究，所以，祭祀活动虽然是迷信的活动，但是与它联系着的关于时间的认识却是科学的。

农事活动是人类最重要的活动之一，它对季节气候的变化要求较严格。但是，制定天文历法则需要长时间的观测，然而农业生产是较早的，当时人们还不具备制定严格的天文历法的条件。可是自然界各种植物的生长是不需要人们的照顾的，它们的生长是自然的，按季节依序发生。农作物也是植物，确定它的播种期只需对照一些常见的植物生长状态就可以了。古人最初就是这样做的，其实现在的一些农民还是根据一些自然现象来判定时令，这种现象我们就叫做"物候"。

古人关于物候现象系统的研究成果整理记录在一本古书中，即《夏小正》。尽管它的成书年代在战国时期，但记载这些物候现象却可以追溯到夏代。其中对每个月份常见的自然现象有着系统的记录：

一月份，大雁飞到北方，鱼儿上浮撞击冰面，田鼠出洞觅食，桃树也开花了。

二月份，开始播种黍子，母羊生羔仔，堇菜发芽，昆虫萌动。

三月份，桑叶萌发新芽，杨柳抽出新芽。

四月份，杏果成熟，河沟和田间的青蛙鸣叫。

五月份，伯劳鸟啼叫，知了高鸣，夏季的瓜成熟了。

六月份，桃子成熟，小鹰开始学习飞翔。

七月份，雨水较多，因此苹草丰茂，芦苇也长高了。

八月份，枣熟了，也可以收瓜了。

九月份，大雁回南方，菊花盛开，开始种麦，鸟兽也准备过冬了。

十月份，乌鸦乱飞，人们准备狩猎了。

十一月份，麋鹿的角开始坠落，冬猎开始。

十二月份，鹰隼在空中疾飞，昆虫潜入地下，政府主管渔政的"虞官"要检查渔民的鱼网了。

由于借助物候判断节令既简单又方便，有关物候的民谚一直在民间流行，并且通过口传目验一代又一代地传下来了。最为有名的是流行在华北一带的"九九歌"，即：

> 一九二九不出手，三九四九冰上走。
>
> 五九六九，沿河看柳，七九河开，八九燕来，九九加一九，耕牛遍地走。

这里的"不出手"、"冰上走"……都是对物候的总结。

《夏小正》的物候知识也为后人继承下来，生活在西部的周族重视农业的发展，自然而然也就重视物候知识的积累了。最早的周族活动区域在今陕西一带，后来取得了政权，建立了周朝。为了鼓励百姓不误农事和不违农时，周成王的叔叔、丞相周公旦写了《豳风》七首，其中有一首著名的《七月》诗。也许看到《七月》的题目我们马上就会将"七月流火，九月授衣"脱口而出，其实此诗对《夏小正》的物候知识是有所保留和有所发展的。全诗分为八章，不仅描绘出一幅男耕女织的田园生活情景，而且几乎每一章都是一幅反映物候或农事安排的连环画，叙事、写景和抒情浑然一体。

如果说，《夏小正》是最早的物候学专著和物候历，那么《七月》诗就是最早的关于物候学的诗歌。这种传统也为历代诗人所继承。诗人描写景物时很注意物候知识的准确，例如，宋代大诗人王安石的"春风又绿江南岸，明月何时照我还"。据说此诗他改了数次，直改为"绿"字方才满意。这不仅反映出他的政治抱负，又点出初春时节物候上的最重要特征。

# 时间单位的来历

古人编制历法的能力不是一下子就具备的，需要长时间的观测和反复验证，以及相应的数学和物理知识的准备和发展（也许是与天文学知识同时发展着），特别是关于时间单位的确定。

"黎明即起，洒扫庭院，要内外整洁"。这是一天的开始，接着就要下地劳作，一直到日落时回家。这就是古代"日出而作，日入而息"的劳作和生活规律。久而久之，人们产生了"日"或"天"的概念。所以，命名为"日"，还因为它又是日出——日落——日出的一个周期。

日子一长，人们就有了计数日期的问题。比如一个人出门要几天回来，他就带一根绳子走一天就打一个绳结，回来时就知道出去了几天，这叫做"结绳记日"。还有一种办法是用刻划记日期，比如二人相约3天后见面，每人拿一块木板，过一天刻划一道，3天后的会面就不会耽误。这叫做"刻木记日"。

月亮在天空总是改变它的面孔，这叫做"月相"。通过长期的观察，人们发现月相变化是有周期的，这个周期的长度就叫"月"。黄帝时期专门有人负责对月亮的观察。逐渐地，人们把月相变化同太阳升起和落下的周期（"日"）挂起钩来，即每个月相周期为29天～30天。月相变化是：

新月——上弦——满月——下弦——残月

对此古人都用一些术语来界定，即月亮完全消隐了叫做"朔"。出现像镰刀状的新月（相当于初二、初三）叫做"朏"（fěi），周代的金文中经常出现这个字。十五前后的月亮最圆叫做"望"。初八、初九的月亮和廿六、廿七的月亮恰好可以看到半个月面，分称"上弦"和"下弦"。这样的一月同现行公历的一月是不同的，后者的一月为30天～31天，或

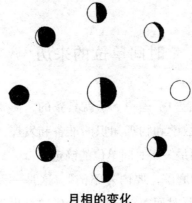

月相的变化

28天（平月），或29天（闰月）。为区别起见，中国历法中的一月就叫做"朔望月"。

一日比起一月就短得多了，然而，一月比起一年又短许多。所以，定一年的长度需要更长久的观测才能完成。所谓一年就是地球绕太阳一周的时间，或通过物候变化来确定一年的长度。在周代以前，我们的祖先已知一回归年的长度为"期三百有六旬六日"。这是《尚书·尧典》中的记载，是一个近似值，366日为一年。周代的观测史精确地定出一年为 $365\frac{1}{4}$ 日。秦汉时规定一"岁"为 $365\frac{1}{4}$ 日。

年与岁有区别吗？有的。年的意思是从某年正月朔（初一）到来年正月朔的长度，即354天（12个朔望月）。而地球绕太阳一周的时间是"岁"，定为 $365\frac{1}{4}$ 日。因此，年是以月亮绕地球运动为依据，而岁是以地球绕太阳运动为依据或太阳视运动为依据；前者对应的是阴历，后者对应的是阳历。现在我们有时会问："您多大年岁了？"年岁混用，已没有什么区别了。

古代划分季节常用到一颗星——"大火"。它是一颗红色的亮星，也称做"心宿二"，现代的名称为"天蝎座α星"。可以根据"大火"与太阳的相对位置来定季节（或月份），据说在帝尧时代就有专门负责观测

"大火"的官员——"火正"。上面讲到的《七月》诗，其中"七月流火"就是六月份"大火"出现于正南方，位置最高，到七月就偏西下，所以称做"流"。

由于天文知识的积累，尧时除了"大火"之外，又找出三个星（团）来标志季节。即

> 日中星鸟，以殷仲春；
>
> 日永星火，以正仲夏；
>
> 宵中星虚，以殷仲秋；
>
> 日短星昴，以正仲冬。

这里说的"日中"和"宵中"就是白天与黑夜长度相等，"日永"就是白天最长的一天，而"日短"是白天最短的一天。星名中的"鸟"、"火"、"虚"和"昴"分别是"星宿一"、"大火"、"虚宿一"和"昴星团"。

这段话的大意是，在太阳落山的黄昏时分，如果观测到星宿恰好高高地位于正南方的天空中，则这一天就是春分日；如果看到的分别是大火、虚宿或昴星团，则这一天就分别是夏至日、秋分日或冬至日了。

另外，确定"二至"（夏至和冬至）的日子也可以通过测量日影的办法来获得，即日影最短时为夏至，日影最长时为冬至。利用这个办法可以精确确定一回归年的长度。

附带说一句，一个星期为 7 天，这在中国古代无法找到其根据，这是西方根据《圣经》中上帝创世的故事确定的。但中国古代有"旬"的单位，一旬为 10 日。

# 天干和地支

　　天干和地支是中国古老的专门用于排序的文字。天干共 10 个字，它们分别是：甲、乙、丙、丁、戊、己、庚、辛、壬、癸；地支共 12 个字，它们分别是：子、丑、寅、卯、辰、巳、午、未、申、酉、戌、亥。这些排列的文字具有一定的周期性，可以周而复始地循环使用。

　　传说，黄帝命一位叫"大挠"的臣子"造甲子"，这里的"甲子"只是天干地支的省略说法。可见天干和地支很早就被使用了。然而那时的"甲子"可能是一些符号。在河南殷墟出土的大量甲骨卜辞中，有一枚甲壳完整地记下了天干和地支组合起来的"干支表"。这个表距今已有 3200 年了，估计这个表是为了人们使用方便而专门刻写下来的。

殷墟出土的
干支排列表

　　干支两两配合总共可以组成 60 个互不重复的名称，从表 1 中可以看出它的排列顺序和一定的规律。由于开头是天干和地支的第一个符号，它们也被称做"六十甲子"或"六十花甲"。

表 1　干支组合表

| 1 甲子 | 2 乙丑 | 3 丙寅 | 4 丁卯 | 5 戊辰 | 6 己巳 | 7 庚午 | 8 辛未 | 9 壬申 | 10 癸酉 | 11 甲戌 | 12 乙亥 | 13 丙子 | 14 丁丑 | 15 戊寅 | 16 己卯 |
|---|---|---|---|---|---|---|---|---|---|---|---|---|---|---|---|
| 17 庚辰 | 18 辛巳 | 19 壬午 | 20 癸未 | 21 甲申 | 22 乙酉 | 23 丙戌 | 24 丁亥 | 25 戊子 | 26 己丑 | 27 庚寅 | 28 辛卯 | 29 壬辰 | 30 癸巳 | 31 甲午 | 32 乙未 |
| 33 丙申 | 34 丁酉 | 35 戊戌 | 36 己亥 | 37 庚子 | 38 辛丑 | 39 壬寅 | 40 癸卯 | 41 甲辰 | 42 乙巳 | 43 丙午 | 44 丁未 | 45 戊申 | 46 己酉 | 47 庚戌 | 48 辛亥 |
| 49 壬子 | 50 癸丑 | 51 甲寅 | 52 乙卯 | 53 丙辰 | 54 丁巳 | 55 戊午 | 56 己未 | 57 庚申 | 58 辛酉 | 59 壬戌 | 60 癸亥 | | | | |

中国人用这些名称都为什么事情排序呢？从司马迁的《史记》一书中，我们可以看到夏、商两代的帝王排列已使用了天干，这从表2和表3都可以看出来。为什么一定要把天干的名称用于帝王的名字之后呢？专家尚未得出圆满的解释。

表 2　夏世系表[①]

| 约公元前二十一世纪～ | 约公元前十六世纪 | 禹 | | 约公元前二十一世纪～ | 约公元前十六世纪 | ⑨泄 | |
|---|---|---|---|---|---|---|---|
| | | ①启 | | | | ⑩不降 | |
| | | ②太康 | | | | ⑪扃 | 不降弟 |
| | | ③中康 | 太康弟 | | | ⑫廑 | |
| | | ④相 | | | | ⑬孔甲 | 不降子 |
| | | ⑤少康 | | | | ⑭皋 | |
| | | ⑥予 | | | | ⑮发 | |
| | | ⑦槐 | | | | ⑯履癸（桀） | |
| | | ⑧芒 | | | | ⑯履癸（桀） | |

---

① 依方诗铭，1980。

表3　商世系表

| 约公元前二十一世纪～ | 约公元前十六世纪 | | | 约公元前二十一世纪～ | 约公元前十六世纪 | | |
|---|---|---|---|---|---|---|---|
| | | ①大乙（汤） | | | | ⑯沃甲 | 祖辛弟 |
| | | ②（大丁） | 大丁弟 | | | ⑰祖丁 | 祖辛子 |
| | | ③外丙 | 外丙弟 | | | ⑱南庚 | 沃甲子 |
| | | ④中壬 | 大丁子 | | | ⑲阳甲 | 祖丁子 |
| | | ⑤大甲 | | | | ⑳盘庚 | 阳甲弟 |
| | | ⑥沃丁 | | | | ㉑小辛 | |
| | | ⑦大庚 | 沃丁弟 | | | ㉒小乙 | 盘庚弟 |
| | | ⑧小甲 | 小甲弟 | | | ㉓武丁 | 小辛弟 |
| | | ⑨雍已 | 雍己弟 | | | ㉔祖庚 | 祖庚弟 |
| | | ⑩大戊 | | | | ㉕祖甲 | |
| | | ⑪中丁 | | | | ㉖廪辛 | |
| | | ⑫外壬 | 中丁弟 | | | ㉗康丁 | |
| | | ⑬河亶甲 | 外壬弟 | | | ㉘武乙 | 廪辛弟 |
| | | ⑭祖乙 | | | | ㉙文丁 | |
| | | ⑮祖辛 | | | | ㉚帝乙 | |
| | | | | | | ㉛帝辛（纣） | |

天干两两配合成甲乙、丙丁、戊己、庚辛和壬癸，常用于表方向，并配合上五行。这在古典评话中常用在排兵布阵上，它们是"东方甲乙木，南方丙丁火，西方庚辛金，北方壬癸水，中央戊己土"。

干支配合起来的六十甲子更多地是用在历法上，古人用它纪日、纪月和纪年。

据说，商代的纣王是一个暴君，兵败后自焚身亡。他死的那一天是"甲子"日，可见公元前11世纪人们已用干支纪日了。然而连续用干支纪日是春秋时鲁隐公三年（公元前722年）二月己巳日，一直到清宣统三年（1911年），算来用干支纪日一直用了2600多年。这是世界上使用最长的纪日法。借助它，我们可以清楚地断定古代某年某月某日发生了什么，因而对于历史和考古研究具有重要的意义。

古代也用干支纪月。夏代规定每年各月用地支纪月，即正月为寅，二月为卯，三月为辰，四月为巳，五月为午，六月为未，七月为申，八月为酉，九月为戌，十月为亥，十一月为子，十二月为丑。地支固定下来，再加上天干，五年一周，共 60 个月（闰月无干支）。司马迁在《史记》中对干支纪月有详细记载，他说："大余五十四，小余三百四十八。"这是什么意思呢？

一年为 12 个月，6 个大月 180 天（每月 30 天），6 个小月 174 天（每月 29 天），共 354 天，干支纪日的一个周期为 60 天，五个周期为 300 天，因而余 54 天。这就是大余。又一日分为 940 分，一个朔望月是 $29\frac{499}{940}$ 日，每两个月则为 $29\frac{499}{940}\times2=59\frac{58}{940}$，一年呢？则用 $59\frac{58}{940}\times6=354\frac{348}{940}$，因而余（分子为）348。

这是汉代《太初历》中的计算结果，我们可以断定，至少在汉代已使用干支纪月法了。

由上已知，每月的地支是固定的，天干的组合也可列于表 4。

表 4　干支纪月与年的干支的关系

| 年的干支 | 正月 | 二月 | 三月 | 四月 | 五月 | 六月 | 七月 | 八月 | 九月 | 十月 | 十一月 | 十二月 |
|---|---|---|---|---|---|---|---|---|---|---|---|---|
| 甲、己 | 丙寅 | 丁卯 | 戊辰 | 己巳 | 庚午 | 辛未 | 壬申 | 癸酉 | 甲戌 | 乙亥 | 丙子 | 丁丑 |
| 乙、庚 | 戊寅 | 己卯 | 庚辰 | 辛巳 | 壬午 | 癸未 | 甲申 | 乙酉 | 丙戌 | 丁亥 | 戊子 | 己丑 |
| 丙、辛 | 庚寅 | 辛卯 | 壬辰 | 癸巳 | 甲午 | 乙未 | 丙申 | 丁酉 | 戊戌 | 己亥 | 庚子 | 辛丑 |
| 丁、壬 | 壬寅 | 癸卯 | 甲辰 | 乙巳 | 丙午 | 丁未 | 戊申 | 己酉 | 庚戌 | 辛亥 | 壬子 | 癸丑 |
| 戊、癸 | 甲寅 | 乙卯 | 丙辰 | 丁巳 | 戊午 | 己未 | 庚申 | 辛酉 | 壬戌 | 癸亥 | 甲子 | 乙丑 |

表格并不容易记住，因此，人们还编了歌诀，以便于记忆，即

甲己之年丙作首，乙庚之岁戊为头。

丙辛必定寻庚起，丁壬壬位顺行流。

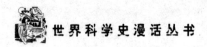

更有戊癸何方觅，甲寅之上好追求。

干支纪年在东汉建武三十年（公元54年）开始采用，至今已有1900多年了。用它记录政治事件、军事事件和别的历史事件非常方便，而且很有中国"特色"。如"甲午战争"（发生于1894年）、庚子赔款（1900年）、戊戌变法（1898年）、辛亥革命（1911年）等。

关于纪年法，除了干支纪年法，在此之前还有更早的"太岁纪年法"，或叫"岁星纪年法"。岁星就是木星，它绕太阳运转一圈的时间为12年，这也是木星被称为"岁星"名称的由来。人们把岁星轨道分为12个部分，每部分相当于一年。每一部分都有一个名称，它行走过的部分可以二十八宿标识出来（见表5）。

表5 十二岁次表

| 序号 | 十二支 | 天文名称（次） | 占星术或历法上的名称（岁名） | 对应的（二十八）宿 | 对应方位 |
|---|---|---|---|---|---|
| 1 | 子 | 玄枵 | 摄提格 | 女、虚、危（10，11，12） | 北 |
| 2 | 丑 | 星纪 | 甲阏 | 斗、牛（8，9） | 北 |
| 3 | 寅 | 析木 | 执徐 | 尾、箕（6，7） | 东 |
| 4 | 卯 | 大火 | 大荒落 | 氐、房、心（3，4，5） | 东 |
| 5 | 辰 | 寿星 | 敦牂 | 角、亢（1，2） | 东 |
| 6 | 巳 | 鹑尾 | 捆洽 | 翼、轸（27，28） | 南 |
| 7 | 午 | 鹑火 | 涒滩 | 柳、星、张（24，25，26） | 南 |
| 8 | 未 | 鹑首 | 作噩 | 井、鬼（22，23） | 南 |
| 9 | 申 | 实沉 | 淹茂 | 觜、参（20，21） | 西 |
| 10 | 酉 | 大梁 | 大渊献 | 胃、昴、毕（17，18，19） | 西 |
| 11 | 戌 | 降娄 | 困敦 | 奎、娄（15，16） | 西 |
| 12 | 亥 | 娵訾 | 赤奋若 | 室、壁（13，14） | 北 |

从表中可以看出，这些名称非常拗口，因此除了天文学家和占星术家，人们很难记住它们。为此，东汉时，人们用干支纪年法取代了它。

干支纪年不仅好记，而且人们还用"属相"来帮助记忆。这种口诀是：子鼠、丑牛，寅虎、卯兔，辰龙、巳蛇，午马、未羊，申猴、酉鸡，戌狗、亥猪。记住自己的属相，就知道了你的生年，计算起来也就简单了。

干支也可以用于纪时，它大概形成于汉代。这就是用地支将一昼夜划分为 12 部分。子时为 23 点，分到次日 1 点，丑时为 1 点到 3 点，寅时为 3 点到 5 点……亥时为 21 点到 23 点。每天分为 24 小时是由西方在清代时引入的，估计（从字面上可以看出）"小时"就是时辰小的意思吧！每个时辰的前一半叫做"初"，后一半叫做"正"，23 点到 24 点（或 0 点）就叫做"子初"，而 0 点到 1 点就叫做"子正"，余者类推。

用干支纪时，就是把天干和地支配合起来，由于地支是固定的，因此它们的排列也有一定的规律，它类似干支纪月法。有兴趣的朋友，可以将它找出来。

干支可以纪年、纪月、纪日和纪时，可见在历法编制中占有重要的地位。然而，六十甲子的周期是古人任意选择的吗？除了记录年月日，它还有其他的作用吗？

据现代科学的研究，以 60 为周期的循环可能与地球天气变化的规律有关。古代使用方术的方家和术士（如占星术士）可能借助这样的数字来预测未来，它虽有神秘的色彩，但并非全无意义。但这都是初步的认识，完全揭开"干支之谜"尚需时日。

# 周公观景今犹在

　　夏代的物候历虽简单易行，但精确度并不高。不过，在实行物候历的同时，夏人也注意对天文现象的观测和记录。例如，《竹书纪年》中记载过夏帝癸十五年发生的一次陨星现象，这是公元前16世纪的事情。在甲骨卜辞中还有关于新星或超新星的记载，这大约是公元前14世纪的事情。

　　夏商周时期的历法有"三正"的说法，即夏正、殷正和周正。所谓"正"就是确立岁首的月份。夏正建寅，殷正建丑，周正建子。即夏代的岁首或正月用地支"寅"表示，而后再配合天干，其他类推。所谓"建"就是"斗建"，即北斗所指的时辰。《夏小正》中指出，黄昏时斗柄向下为冬至，黎明时斗柄向下为秋分，夏至黄昏时斗柄指向上方。基于观测，夏人以冬至后两个月的孟春之月（即三月）为岁首，殷人则以冬至后一个月为岁首。

　　周人来自农业发达的地区，由于农业发展的需要，对天文历法的需要更为迫切。因此周代对天文观测非常重视，并且取得了很多成果。

　　《诗经·小雅》中的《十月之交》有这样的诗句，"十月之交，朔月辛卯，日有食之"。据今人推算，这是公元前735年11月30日（一说是公元前776年），这是世界上可靠的日食记录中最早的。

　　公元前7世纪，已用土圭测冬至和夏至的时刻。

　　公元前687年，记载有天琴座流星群的最早记录。

公元前 611 年，记载下世界上最早的彗星记录，它就是著名的"哈雷"彗星。

如此多的成就，与周代开国元勋周公倡导天文观测有关。周公在今天河南洛阳东南的登封县告成镇建立了世界上最早的天文台，这就是"周公观景台"。

周初的国都建在陕西宝鸡附近的镐京，但周公认为这里地处偏僻，交通不便。由于夏商活动的区域主要在中原，科学文化比较发达。因此，周公选择告成镇建立了观景台。

周代用土圭测日影，它是一根八尺长（2.67 米）的圭表。周人认为，夏至时，阳光照在土圭上，如果影长只有一尺五寸（0.5 米），这就是天下的中心。周公认为，应该把周都定在此处。尽管周公的说法是不正确的，但周公毕竟把观景台建在了中原。

周代的天文学家冯相氏确定了二十八宿的位置，进而测定了十二年（即木星周期）、十二月、十二时辰的数据。他们观测太阳的视运动和月亮的运动，以确定四季的时间。据说，冯相氏每天夜里都要在观景台上观测。

星占家保章氏负责记录日月星辰运动变化的情况，进而为尘世变迁作出预测和判断。据说，保章氏根据木星 12 年周期的变化可以预测人间的吉凶善恶，它能从云的颜色判定年景，如旱和涝、丰和歉等。对于预测的结果，保章氏要上报朝廷，协助政府采取一定的措施。

观景台的职能中还有一个是测时，负责人是挈壶氏。他利用一种"漏壶"的装置来测时。在夜间，他要通知更夫具体的时辰，以确定敲邦子的声响数。在冬季，漏壶的水要用热水，因为水温过低要影响泄水的速度，测时就有较大的误差。可见，挈壶氏对流体的性质是有所认识的。

挈壶氏使用的漏壶不断为后世所改进，它一直用到清末。

# 二十八宿的故事

清初著名的经学家顾炎武曾说过："三代以上，人人皆知天文。'七月流火'，农夫之辞也；'三星在天'，妇人之语也，'月离于毕'，戍卒之作也；'龙尾伏辰'，儿童之谣也。后世文人学士，有问之而茫然不知者矣。"

前三句引语都是《诗经》中的句子，最后一句引语出自《左传》。三句诗中的"七月流火"有专文要讲，这里就不谈了。"三星在天"是《唐风·绸缪》中的句子，在这首诗中还有"三星在隅"和"三星在户"的句子，这三星指的是心宿。也有人说，这三个"三星"分属参宿、心宿和河鼓的"三星"。因为诗中没有交待时令，所以有多种解释。"月离于毕"是《小雅·渐渐之石》中的句子，意思是月亮走到毕宿。据说这时要下大雨。

"龙尾伏辰"中的"龙尾"是尾宿，它属于东方青龙七宿的第六宿，故称龙尾。"辰"是日月交会的意思，"伏"是隐藏的意思。串连起来是说，日月交会于尾宿。

这三句诗和一句歌谣都包含着一些天文知识，顾炎武是说，清代的"文人学士"已难以知晓其意了，但当时的人们却习以为常，而这些不过是农夫、妇女、守边的戍卒和小孩子的口头语。可见夏、商、周三代天文知识的普及程度是很高的，变成了一种常识。

顾炎武只是挑出了几句作为典型，类似的引语还有很多。就是这几句中涉及的星宿就已有好几个了。那么我们不禁要问，有多少星宿呢？它们都是做什么用的呢？

这些星宿共有 28 个，合称二十八宿。它的起源是很早的，估计萌芽于 6000 年前的仰韶文化时期，形成于东周年间。二十八宿是古人为了观测星象在天空划分的区域。

1990 年，在河南濮阳西水坡的 45 号墓中，人们发现在墓主人的东侧是用蚌壳摆成的龙的图案，西侧是蚌壳摆成的虎的图案，北侧的脚下是两根胫骨和蚌壳组成的北斗勺形图案。这说明在 6000 年前，人们已经有了"三宫二神"的概念了。所谓"三宫"就是东宫、西宫和中宫，"二神"是东宫的苍龙和西宫的白虎（中宫是北斗天神）。这个图案与湖北随州曾侯乙墓出土的漆箱盖上的天文图很相似，后者也只有北斗和东宫苍龙、西宫白虎。看来，顾炎武说的"三代以上，人人皆知天文"是有道理的。

二十八宿都有哪些内容呢？二十八宿分别配属在四宫中，每宫 7 宿。它们是：

**曾侯乙墓出土的漆箱盖**

东方 7 宿为角、元、氐、房、心、尾、箕，把它们连接起来就像一条飞舞在春天和初夏夜空中的龙，故而称东宫苍龙。

北方 7 宿为斗、牛、女、虚、危、室、壁，把它们连接起来就像一只仲夏和初秋夜空中的蛇或龟的形象，故而称北宫玄武。

**四宫的神像图**

西方7宿为奎、娄、胃、昴、毕、觜（zi）、参，把它们连接起来就像出现在深秋和初冬夜空中的猛虎形象，故而称西宫白虎。

南方7宿为井、鬼、柳、星、张、翼、轸，把它们连接起来就像一只飞翔在寒冬和早春夜空中的朱雀，故而称南宫朱雀。

这样就形成了五宫四神（也叫四象）二十八宿的完整体系。不过这已是汉代的事情了，首见于司马迁的《史记》一书。由于五行说的流行，这四神也按方向涂上了颜色，即青龙、白虎、朱雀、玄（黑）武。

# 从洞穴走出来的时候

在远古时期，人类的远祖——古猿，是生活在森林之中的，树木枝叶是他们的天然栖身之所。由于气候的变迁，有些古猿就从树上下到地面上活动。他们逐渐地增加对石头的认识，并开始打制石器，尽管这些石器多么粗糙，但毕竟实现了"人猿相揖别"的巨大飞跃。

人类在地面活动，首先要解决的仍是吃的问题，同时，居住问题也变得很重要。这不仅因为天气对人类活动影响很大，而且野兽的袭击危害更大。为此，岩洞就成了人类最早的住所。例如，50万年前的北京房山周口店的龙骨山的山顶洞，它的大小约为8×12米，面积近100平方米。开始大家住得很随便，后来对岩洞作了简单的划分，较高的地方住人，较低的地方用来埋葬死人。大多数洞穴多选在河谷、湖边或海边的地方，洞口要高于水平面几十米，还要注意避风。

除了少数人选择洞穴为居所之外，许多人还是没有这样的"福气"。而且在气温较高的地方，人们在沼泽地区活动时仍愿意生活在树上。这大概是由于树木的叶子较为浓密，有较好的隐蔽性。然而，人类居住在树上同动物毕竟是有区别的，他们注意对枝叶的修剪，以使得居所更舒服些。

不管是住在洞里还是栖身在树上，人们对居住的条件都要略加修葺，逐渐地人们萌发了营造住所的各种想法。大约到了6000年～7000年前，我们的祖先开始造房子。正像韩非子所说的，"上古之世，人民少而禽兽众，人民不胜禽兽虫蛇，有圣人作，构木为巢，以避群害，而民悦之，使王天下，号之曰有巢氏。"当时能够建造简易木房子的"圣人"被人们推举为部落的首领。孟子也说过，"下者为巢，上者为营窟"。孟子把过去的建筑做了分类，地势较低的地方适于巢居，所以就"构木为巢"；地势较高的地方适于穴居，所以就打造洞窟吧！

## 穴居式建筑的发展

穴居式建筑是人类刚从洞穴中走出来时对洞穴的模仿，特别是在我国的北方，人们在河流两岸的阶梯状的台地或黄土断崖上开凿洞穴。在平地上也可挖掘类似地洞的"袋形"地穴，口小膛大。由于这种洞穴在雨季时的积水问题不好解决，人们改进后又发展成为半地穴的建筑，后来又发展成为地面的建筑。

在黄河流域地区，考古工作者已发现 1000 余处的原始聚落遗址。在这些遗址中，半坡是非常有代表性的。

从半坡遗址可以发现，当时的居民已对聚落进行了一定的区划，主要是分为三个区域，即居住区、陶窑区和墓葬区。这个聚落约 3 万平方米，东西最长约 200 米，南北最长 300 多米。在居住区周围挖有宽、深各 5 米～6 米的壕沟。居住区的中心是一广场，其他建筑围绕它按环形分布。

半穴居建筑和地面建筑复原图

半坡的建筑是从半穴居向地面建筑过渡的。半穴居式建筑的穴洞都采用直壁，早期的穴深约 1 米，后期的只有 20 厘米～40 厘米。从深穴渐变为浅穴，直到形成地面建筑，估计花了 300 年～400 年的时间。

这种半穴居式建筑的中间用原木支撑，上部用木头的枝干搭成方椎形屋顶，表面涂上掺草秸的黄泥。这种建筑通常分成方形和圆形两种。圆形建筑就像现在的粮仓，大的直径可达 6 米，小的直径约 3 米～5 米。屋顶要开设烟囱，古文的"囱"字为象形字，即"图"，其中可以看出烟的地方是空的（不能敷泥草），中间的"✖"是交叉的橡木。屋内生火是必要的，除了煮饭，它可以取暖和驱潮气。炉灶的位置处于门口处，这样的设置是合理的，可以将寒气驱走。

从半坡的遗址可以看出，原始人建房所使用的工具有：挖土的石铲，伐木的石斧，加工木材的石锛、石凿和骨凿。这些工具基本上可以满足当时的建筑要求。随着建筑的发展，工具也一直在改进着。

上面还提到广场中心的大房子。这间房子可能带有一定的集体福利的性质，即有些老弱病残者和少年儿童都居住于此，他们可以享受一定的照顾。通常，聚落的首领也住在大房子内，并且是全体居民的聚会场所。有些关于全体人员的大事要在此进行讨论和议决。从大房子的结构看，它不仅要满足居住的功能要求，还要对大房子进行必要的分隔，以满足不同的需要。

## 巢居式建筑的发展

巢居式建筑的代表是浙江余姚县河姆渡遗址的聚落建筑。河姆渡遗址距今已有 7000 年的历史了。

由于河姆渡地处沼泽边缘，非常潮湿。雨季还非常泥泞，很不适宜居住。为此，我们的祖先注意到抬高房屋的离地高度。这里的房屋都采

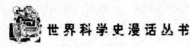

用干栏式的结构，即在地上打下木桩，木桩上再架空木板，居室建在架空的木板上。

河姆渡遗址的木桩是直径约为 8 厘米～10 厘米的圆木柱，打入土地的深度约为 40 厘米～50 厘米。木地板离地面约 1 米，木板厚约 5 厘米～10 厘米。木板是浮摆在龙骨上的，因此，人们只需掀开木板就将垃圾洒向地面。这似乎是一种不好的生活习惯，不过这是在 7000 年前。

房屋柱高有 2.6 米，同现代楼房每层的居室高度差不多。从遗址的残桩还可以看出，排列木桩的宽度约 25 米，房屋进深约 7 米，前檐还有约 1.3 米的走廊。这种干栏式的房屋结构在西藏的某些地区还在建造。

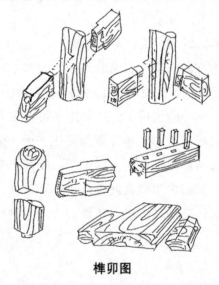

**榫卯图**

建造 25 米长的大房子，对施工的要求是比较高的。要事先有一定的设计，特别是这种木结构房屋的连接是有很高的技术要求的。对于这些大房子的木构件加工，当时的工匠使用的工具主要有石斧、石碴、石凿和骨凿等。用这些工具劈凿出木柱、木桩，还有房梁和墙板等。对于板材的加工，当时的工匠用的是石楔，这是在劈开木板时，边劈开，边加石楔，直至将原木劈开。现代的石匠还用类似的办法劈石板。

　　如果说河姆渡的木匠技艺高超，这特别表现在他们对木构件的连接技术上。他们设计了各种榫卯（见 198 页图），如柱头榫、柱脚榫、带梢钉的梁头榫，保证了柱与梁之间的牢固连接。在板与板之间的排列上，他们并不是一块一块地排列好就行了，而是采用企口技术。这种拼扳技术现在仍在广泛地使用着。一般来说，河姆渡的许多榫卯结构与现代的类似结构并没有什么不同。

　　干栏式建筑不但是河姆渡人在 7000 年前建造过，这种建筑经过某些改进，在今天的南方民居中仍有较多采用。

# 重檐豪屋话宫殿

从《山海经》的记载可知，黄帝建有"轩辕之国"，它大约在今天的山西与河北之间。在河北省的西北部还有"轩辕之丘"或"轩辕之台"，《史记·五帝本纪》中说的"涿鹿之阿"与此实为一地。"轩辕之丘"的故址在今天河北涿鹿东南的矾山镇三堡村北，即古涿鹿城堡遗址所在地的高大土丘。

《山海经·西山经》中讲到，"轩辕之丘无草木"。估计是一座城池，并不是什么天然的土丘。为什么黄帝要建城池呢？这大概是为了防御蚩尤的进攻。"轩辕之丘"很可能是中国历史上的第一座城池，遗憾的是，我们还不能给予更多的证明。

据文献记载，夏代已修建城郭沟池，国家的机器基本上建立起来了，如军队、刑法、监狱，以维护国家的秩序，加强对奴隶的统治。同时，又修建宫室台榭，供贵族们享乐。然而，关于夏代的古城遗址材料不多，因此还难以知道更多的东西。

## 商代的宫殿

20世纪50年代～60年代，我国考古工作者先后在河南郑州和湖北黄陂滠口挖掘出两座商代的王城。其中郑州王城规模较大，城墙的周长近 7000 米，距今已 3500 年了；黄陂的王城座落在盘龙湖滨，故得名盘龙城，城池不大，估计是商朝的一个方国。郑州王城的城墙为夯土版筑，夯土量为 87 万立方米，估计需要 1300 万个劳动日，即使有 1000 个奴隶参加筑墙，也还是需要 4 年~5 年的时间才能完成。

早商时期，王都建在河南偃师二里头，名叫西亳（bō）。这里发掘出的一处遗址有一个较为简单的建筑群，它建在一个基址为夯土层的土地上，周围有廊庑环绕，形状很规则。这是一个广场，中间有一座大型的殿堂。

所有的建筑都建在夯土层的基础上，夯土层为一个 100 米见方的区域，并且比周围高出几十厘米，这样做是出于防潮的考虑。这种方法后来逐渐变成"高台建筑"的结构。此外，广场周围的廊庑保证了建筑群落的封闭性。这种广场也可称做"庭"，为人们的活动和彼此的交流提供了适当的空间；同时，庑的围护也使宫殿群落具有一定的防御功能，保证了安全。

由于广场的面积较大，现在国家的庆典或礼仪活动也常在这里举行。古代的庭也常是举行朝拜仪式的场所，而且夜晚要点燃篝火，古人叫做"庭燎"。早晨要熄灭篝火，这时开始上朝。

广场中的主要建筑是殿堂。商代的宫殿已经是"四阿重屋"的式样了。所谓"四阿重屋"就是屋顶的四面有坡，并且具有双重屋檐。这种

**商代的宫殿**

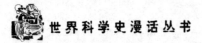

式样也形成了一种制度，后代的王朝设计和建造宫殿都采用了这种样式，只是后来朝代的建筑材料有所变化。我们到北京紫禁城参观游览时，可以从太和殿看到这种形式。

商代的建筑未曾用瓦，屋顶主要用茅草，但并非用草就一定是简陋不堪。从殷墟出土的大块白石雕刻的各种装饰，使人们不难想象商代宫殿那雕梁画栋的华丽气象了。为了排出积水，商人使用了陶制的排水管。

商代建筑的地基主要是打夯，具体作法有两种：填基法（用土伐平再夯实）和挖基法（挖下一定深度夯实回填土）。显然挖基法要优越些，这从早商就开始应用了。打地基前还要确定好方向，从宫殿的基址看，它们都非常接近正南、正北和正东、正西的方向，可见当时定向技术已经成熟了。基础的水平也是较好的，估计已用"水平器"之类的装置。

殷墟宫殿的柱子还要单独作一个基础，叫做柱础。这种柱础是挖一个圆坑或方坑，这个坑通常是夯实的。夯实后，在坑内放一块础石，这础石大多是天然漂砾，直径约 10 厘米～30 厘米，厚约 10 厘米。令人惊奇的是，殷墟的一处柱础中还放置了铜础，它的直径约 15 厘米，厚约 3 厘米。

由于采用了柱础，我们可以从柱础大小推知柱子的粗细，确定房子的间数，进而推测它的墙体结构。

值得注意的是，在商代，奴隶主贵族建造房屋和宫殿采取了一些仪式，如奠基、置础、安门等仪式。这时，奴隶主贵族要杀牲和用人做牺牲，特别是安门仪式中，常把执兵器的武士埋葬在门侧或当门处，借此来驱除鬼魅的侵扰，并求得房子主人的安宁。


# 周朝的"四合院"


周原是周人的发祥地，它在今陕西扶风和歧山的交界处。周原尚存

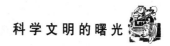

周人的一些文化遗迹。70 年代中期，人们在这里发现一处西周的宫室遗址，据分析，它可能是西周的一处宗庙建筑物。

这组建筑物的整个基址都是夯土筑成，从各个建筑的分布来看，是以殿堂为中心，围绕它安排庭、厢、室、屏等。在门口建"树"，这"树"就是影壁。因为建"树"只有帝王和诸侯才有权力，因此这组建筑应是周王室的。厢房属配房，而厢与堂之间称"序"。

在这里还发现了一些瓦。据考古发现，西周以前没有瓦，房顶多用草盖，西周中期才用瓦，但很少。西周晚期和东周初期大部分房顶都用了瓦。像陕西扶风召陈的建筑，不但用瓦多，而且瓦的种类也多起来了，如板瓦和筒瓦等。它们在正面或背面都用了用以固定位置的瓦钉或瓦环。这些瓦嵌装在屋面的泥层上，以解决屋顶的防水问题，因此，瓦的出现是古代建筑的一大进步。到春秋时，瓦的使用已很普及了，这时屋顶的坡度已由原来的 1∶3 下降到 1∶4。

东周的进步还表现在瓦当的大量使用，瓦当表面还有凸起的纹饰，如饕餮纹、涡纹、卷云纹、铺首纹等。这种装饰非常古朴典雅，因此也成为历代收藏家注重和收藏的珍品。

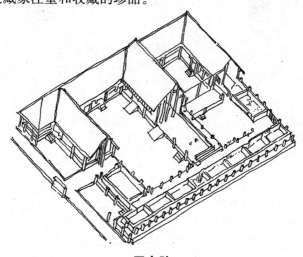

四合院

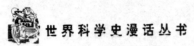

各种瓦当

# 乌龟壳上的秘密

　　科学与文化的创造离不开信息的交流，而科学与文化的发展也离不开经验的传播和继承。这样，语言的发明就应运而生了。但是，语言不免要受到时间和空间的限制，为此，文字的发明也就应运而生。用文字记录语言，不仅能把语言的内容记录下来，而且可以流传得更加久远。

　　传说，中国的汉字是黄帝时代的仓颉所创造的。类似的传说还有，藏族的文字是通密散布喇创制，西夏文字是野利仁荣创制，蒙古文字是八思巴创制，满族文字是额尔德尼等人创制。因此，中华民族的文字是由一大批精英人士创制的。他们怎样创造文字的呢？据说，仓颉看到地下印有鸟兽的足迹和听到它们的鸣叫声，因此受到启发，创制出可以写画的汉字。由于仓颉惊天动地的创造，上天掉下了许多小米，鬼魅在夜里哭声不止，巨龙也偷偷地隐藏在河底。

　　其实文字的创造并非一人一时的产物，而是随着社会的发展而长期进化的结果。我们的先民和世界其他许多民族一样，最初都是用在绳上打结的方法来记事或记数。例如，古代鞑靼民族用打结的办法调拨军事物资，古代秘鲁的印第安人也用打结的办法，他们用各种颜色的绳结表示不同的事物或观念，用不同样式的绳结或绳环表示各种意见。除了结绳记事的办法之外，还有在木棒上刻划的办法，这也是一种世界性的发明。直到中世纪，北欧的某些偏远地区还用契刻的办法记事；20世纪中叶，我国西南边远地区的独龙、布朗、基诺和景颇等民族还保存着刻木

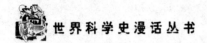

记账的方法。可见"刻木为契"的说法是属实的。

新石器时代的仰韶文化时期，西安半坡遗址的陶器上出现了大约 20 种的刻划符号，最多的是"Z"。后来，一些著名的文化遗址，如龙山文化、良渚文化遗址出土的陶器上大都有这样的符号：

$$- \| \equiv \times + \wedge \times \times \bigcirc \otimes$$
$$\sqcap \triangle \square \Box \epsilon \, \Chi \, \daleth \, \# \, \bowtie$$

这是一种表达某种意思的符号，有了一定的抽象水平。现代学者估计，到了夏代初期，中国已有了最早的成形文字。恐怕在很长的时间内，出现了一批"仓颉"式的发明家参与到文字发明的工作中去。像荀子所说的，"好书者众矣，而仓颉独传者，壹也"。可见，"仓颉"式的人物是将文字规范和统一（"壹也"）起来。夏代的文字还是很稀罕的。因此，说到最古老的文字，当推殷商时代。

殷人很迷信，遇事都要求神问卜，可就在这一系列的迷信程序中，他们用文字记录下来问卜的结果。到了周代，人们已不用这一套繁琐的占卜程序了。渐渐地人们将这些事情淡忘了。后来，人们怎么发现了这些文字呢？这还要从 100 年前的一个发现说起。

1899 年秋，北京有一位名叫王懿荣的官员，他也是一位金石学家，即专门研究陶器和青铜器上的文字专家。这时他得了疟疾，一位太医为他诊脉，并开了药方。他的家人就去宣武门外菜市口的一家老药铺——达仁堂买药。王懿荣将买回的药一一审视了一番，他发现一种名叫"龙骨"的板块上有一种和篆文相似的刻划。王懿荣是当时有名的金石学家，他对这种文字并不陌生，并且想刨根问底。为此又派人到这家药店把所有带字的"龙骨"都买了回来。经过王懿荣的研究，这是一种非常古老的文字，而且也不是什么"龙骨"，这是一种刻有古代文字的兽骨。然而，王懿荣对这些文字的研究并不多，因为第二年（1900 年），当八国联军进北京时，王懿荣自杀殉国了。

"龙骨"是什么东西呢？经过专家们的鉴定，它是商代晚期的遗物。

这是商王室占卜用的物品，所使用的材料主要是乌龟的甲壳和兽类的骨骼。整块的龟甲分背甲和腹甲两部分，使用时先将它们锯开，修整其边缘。背甲上有一脊缝，可在此处剖开，分成两个半甲。早商主要用腹甲，晚商时用腹甲，也用背甲。除了龟甲，牛肩胛骨也被大量使用，但需要作较大的修整。

占卜活动是由"巫"或"史"的人来主持的。占卜前先在腹甲或牛骨上凿出椭圆的小槽，或钻上小孔，而后在火上烘烤。烘烤时在孔眼处会出现一些裂纹，形状似"丫"形成"卜"形。巫史们根据这些裂纹来作出判断，最后还要将意见记录在龟甲或牛骨上，通常都是两面刻写。这些文字就是我们今天见到的"甲骨文"。

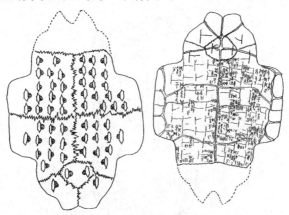

**殷墟出土的大龟背甲**（左为 1929 年出土的大龟背面，右为其正面，系武丁时期的甲骨文）

这样的甲骨，从上世纪末以来已发掘出 15 万片左右，其中整理出的文字约 4500 个。这些文字虽然不多，但是经过专家们的认读，也只有1000 个能解释清楚。然而，甲骨文并不是商朝唯一的文字形式，在青铜器上也有少量的文字。此外，先秦时期还有"唯殷先人，有典有册"的说法，"册"就是用绳子编串起来的木条或竹板，在上面可以刻写文字；"典"的上半部分也与"册"字类似，下半部分可能是放置载有文字的架

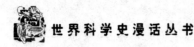

子。遗憾的是，这些"典册"都很难流传下来，而甲骨上的文字就幸运多了。这些文字成为我们今天了解和研究商代（甚至还有关于夏代）的政治、经济、科学、文化、宗教、军事发展的重要材料。

一般来说，甲骨文记录的事件有十余类，如献祭、战争、狩猎、气象、收成、疾病、生育、梦幻、建筑等。比如，这块甲骨上契刻的"夕风"的卜辞，"戊戌卜，永贞：今日其夕风？贞：今日不夕风？"这次占卜活动是名叫"永"的人主持的，于戊戌日占卜的，大意是说，永问道：今天夜间会刮风吗？并且又问道：今天夜里该不会刮风吧？夜间的风能否刮起来，巫师们要研究和确定。通常，大多数的事件，巫师们还要断定它是否吉利。

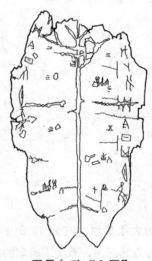

甲骨卜辞"夕风"

甲骨文还记有许多帝王的名字，特别是记载了商王盘庚把国都迁到殷（今河南安阳，所以也将此后的商朝称做殷朝或殷商）后，从盘庚到最后一个商王纣，共12代帝王，历273年，即公元前1300年～前1028年。这与《史记》中所载的"殷本纪"差不多，这说明司马迁的史料是很确实的。正是得益于甲骨文的记述，我们对商代社会的了解比以前更多了。

就甲骨文字本身来看，因为是刻上去的，笔道基本上都是直的，转弯的笔画也多为硬角，如"人"刻成"ㄣ"，"又"刻成"刁刁"。圆圆的太阳只能刻成"日"，半圆形的月牙大多刻成三角形的样子——"▷"。经过商代的发展，到周代时，文字基本上就开始成熟了。这不仅大大方便了人们之间的交际，而且可以将人们的经验记录下来，以供后人借鉴。

# 从甲骨文中的"车"说起

在现代社会中，有各种各样的车作为人们生产和生活必需的交通运输工具。这一点，人们已经习以为常了。在远古时期就不同了，人们干活往往都要人背肩扛，非常费力。当社会从狩猎时代转入畜牧时代，有畜力可资利用，但人力仍是最主要的。但是，畜力的运用使人们的思路大开，机械的发明接踵而来。大概利用牲畜拉车是再方便不过的了。

相传，伏羲氏乘牛马，后来黄帝看见蓬草在地上打转而想到轮子，进而设计出车。也有人说，夏禹时的奚仲发明了车，也许是他改进了车，因为他是"车正"，对车的结构应有很好的了解。奚仲的改进是，他将易弯曲的木材作轮子，直木作车辕，借此来节省人力。因此，据说禹外出时经常乘车，看来当时是具备了这样的条件。

商代的祖先是游牧部落，因此从汤取代夏朝之后，他们还保持游牧人的习性，连首都也不固定，到盘庚时曾有 8 次迁徙，直迁到安阳附近，都城才固定下来。由于他们经常搬迁，特别是王城的迁徙，东西非常多，运输问题是很突出的。

商代很重视车辆的生产和使用，这从甲骨文的"车"字就可以看出。人们从甲骨文中认出了 10 余个"车"字。从这些字中也可以约略地看出当时车的样子。

从 1929 年开始发掘殷墟，最初人们发掘出一些青铜制的碎片，经分析可知它们是双轮车的装饰部件，并且还发现了一些拆开的马车。1936

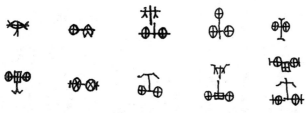

甲骨文中的"车"

年，人们终于在小屯发现了一个车马坑，其中有几辆四匹马拉的车。这个坑为 $2.9 \times 1.8$ 米，即为长方形。这些车很完整。此外，在它的附近还有 4 个车马坑。由车轮的遗迹来看，它们都是带轮子的车，只不过在出土时轮子已卸掉了。这的确费了专家们的不少心思，这些心思是用在寻找和论证"轮子"上的。在车马坑中，人们找到了人的骨架、马的骨架、马头和马身的装饰品（碎片）、车身的青铜装饰件、马铃、鞭子、车辕和车轴的木架及皮带、衡和轭具，以及一些兵器。借助这些部件是不难看出整车的样子了。

1959 年，人们在殷墟又发现两个车马坑。这些车为双辕双轮马车，车轮很大，直径约为 1.22 米，算起来周长应为 3.7 米。专家估计，马车飞奔起来可达 20 千米/小时。商代的车可能已用在军事上，即运输辎重和投入战斗。

周代的车马坑被发掘更多了。在陕西长安、宝鸡，河南洛阳、浚县、三门峡，以及北京琉璃河都有发现。从挖掘出的车可以看出，周代的车同商代的车型制差不多，但有一些改进。周代的车也由辕、轮、衡、轭、舆构成，主干为木制，但使用青铜饰件。这些配件用在马头的是铜兽面（马冠）和铜马颊饰等，马头上还有络头和罾带，它们是皮带串贝壳，很漂亮。车轴的两端安有铜舌和铜辖，衡两端安有铜矛，木轭的上端安有铜銮。

商周时期，车的制作已形成了一个重要的手工业部门。特别是春秋战国时期，两军对阵常用车战。排列的车阵是很讲究的。车辆的多少不

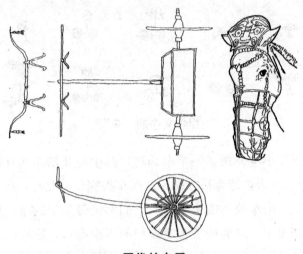

**周代的车子**

但是战争胜负的重要因素，而且也是一个国家综合国力的重要指标。所以当时的大国有"万乘之国"和"千乘之国"的称号。车辆的生产已经成为各个国家的军工生产了。

由于生产车辆对国家是至关重要的，为此国家对车辆生产做了些规范，这些规范包括在《考工记》一书中。这些规范中分别记述了轮子、车箱（即"舆"）、车辕（即"辀"）的工种要求和规定。这对当时车辆的生产起到了很好的指导作用。

周代是热衷于车辆的制造的，有人说，正像舜的时代崇尚制陶，夏代重视水利工程，商代崇尚礼乐，周代则崇尚制造车辆。由于车辆的零部件很多，上述的规范的确是很重要的。

# 周易的科学精神

　　《周易》是"周"代的一本简"易"的卜筮（shì）用书，汉代把它称做《易经》。其实《周易》就是由"易经"和"易传"两部分构成的。"易经"也称"周易古经"，而"易传"也称"周易大传"。又由于"易传"分成十篇，因此也叫做"十翼"。一般来说，"易经"完成于商周之际，而"易传"则完成于春秋战国时期。

　　说到《周易》，人们首先想到的是"八卦"、"阴阳"、"五行"之类的术语，它披有一层神秘的外衣。所谓"八卦"就是：乾坤震巽（xùn）坎离艮（gèng）兑（duì）。它们可以用符号来表示，即

乾　坤　震　巽　坎　离　艮　兑

☰　☷　☳　☴　☵　☲　☶　☱

天　地　雷　风　水　火　山　泽

　　第三行是八卦所表示的基本的自然现象。这些符号中的"—"是阳爻，"——"是阴爻。这说明比八卦更为基本的元素是阴阳，在《周易》中被称做"两仪"。

　　八卦是怎样产生的呢？传说，远古时期的伏羲氏对自然现象进行了深入细致的观察，像日月星辰的运动，山川泽壑的形态，甚至鸟兽皮毛的纹彩等。他从这些现象中探索着大自然的奥秘。忽然有一天，有一匹龙马从河中跃出，伏羲看到它背上的奇怪现象。这大概是天神的某种启示，他迅速地将它临摹下来，这就是著名的"河图"。它好像是一种用数

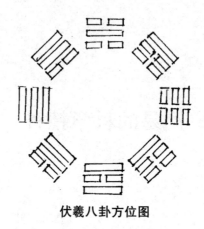

**伏羲八卦方位图**

字排列的阵图。伏羲对照这幅图冥思苦想，过了好长的时间，他终于有所觉悟。就这样，他创造出了八卦方位图。

　　又经过了很长时间，后人对伏羲的八卦不断研究，取得了很多的成就，这包括畜牧业、农业、手工业、交通运输业中的各种发明。到大禹治水的时候，又出现了一件奇事。在河南的洛水中，有一种神龟爬上岸来，它的背很特别，大概是由于它太老了，背上布满了裂纹。大禹看过之后，将这些图案记下来，这就是"洛书"。

　　大概是由于"河图"和"洛书"非常奇怪，人们认为，只有"圣人"出世，大自然才向他显示这种非同寻常的信息。

　　时光荏苒，到了殷末。在西部，周族的势力越来越大。纣王对他们

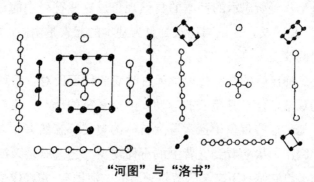

**"河图"与"洛书"**

很不放心，就将后来被封为周文王的姬昌囚禁在羑（yōu）里（在今河南汤阳）。在被关押期间。姬昌仔细地思考周族的发展，盘算着如何才能成就取代殷商的大业。因为商纣王太昏庸无道了，把国家的政治搞得一团糟，民怨沸腾。为了整理自己的思路，姬昌就研究起八卦，特别是对前人卜筮的理论进行了整理，形成《周易》一书。

《周易》中的话语并不深奥，然而它的义理非同寻常。一些有文化的人在闲暇之时借助它来训练自己的思维，玩味着每种卦象，特别是对各种卦象的解释。更有甚者，有些人还操纵筮草来卜上一卦，揣测其中的凶吉。在一些紧要的关头，人们利用占卜来测试结果，一则为了整理思路，二则为了坚定信心。不干则已，干则必成。不是一味简单地"心想事成"。

春秋末的著名教育家和思想家孔子对《周易》很有研究，特别是到晚年，常常读《周易》，爱不释手。据说，孔子读《周易》时，因反复翻阅而曾使简策（木版书）散落了三次。不只是孔子，后来很多人都深受《周易》的影响，它简直就成了中国思想界的"圣经"。而且在各行各业的理论研究中都能看到它的影响，天文、医学、美术、体育、炼丹、军事……都有义理发挥着作用。

除了研究《周易》中的义理之外，许多人也注意研究它所包含的"象数"。"河图"和"洛书"的中"●"和"○"是什么意思呢？黑点代表"阴数"（偶数），白圈代表"阳数"（单数）。把阳数加起来，即 $1+3+5+7+9=25$，阴数加起来，即 $2+4+6+8+10=30$，二者之和为 $55$，这个数叫做"大衍之数"。这个数在占卜时是一个基本数。

此外，"洛书"的数字还可以排列一个方阵，即：

| 4 | 9 | 2 |
|---|---|---|
| 3 | 5 | 7 |
| 8 | 1 | 6 |

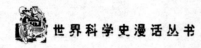

在这个方阵中，把每行或每列的三个数加起来都是 15，两个斜行（2＋5＋8 和 4＋5＋6）之和也是 15。这个方阵也是占卜常用的，它与八卦配合起来就是：

| 巽四 | 离九 | 坤二 |
|------|------|------|
| 震三 | 中五 | 兑七 |
| 艮八 | 坎一 | 乾六 |

这样就把自然界现象与自然界的数据结合起来了，并且把"洛书"中的简单数学关系蒙上了神秘的色彩。

为了占卜，还要了解从八卦衍生出的 64 种卦象。学习《周易》的人也常常从 64 卦的卦象和卦辞《解释》中获得很多启发，用以指导自己的行为，或者加深对各种事物的理解。

《周易》对古代科学技术发展产生了重要的作用，在科学日益发达的今天，许多科学工作者也非常重视对《周易》的学习，对今天科技的研究有所借鉴和启发。

《周易》中所渗透着的民族精神一直鼓舞着我们的民族。这种精神保证我们中华民族不断自强，不断发展又不断更新。

由此可见，《周易》的义理不仅要求我们要向自然学习，探讨自然的规律，发展科学的认识；同时，还要求我们推动社会的发展，提高民族素质，永葆民族的青春，完善民族的灵魂，维护民族的尊严。

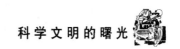

# 穆王出游，载歌载舞

晋代初年，人们在河南汲县的一个古墓中挖掘出一批竹简古书。当时的尚书令（相当于宰相）荀勖（xù）断定这是魏襄王的陵墓，其中有一本书是《穆天子传》。穆天子就是周穆王，据说他50多岁继位，活了105岁，是一位长寿的天子。

周穆王是一位有为的君王，他曾西击犬戎。击败犬戎后，就把犬戎从陕西凤翔迁到山西的西南地区。后来，他又东伐徐戎，并在安徽怀远会合诸侯。

周穆王一生好游历，曾北到流沙（西北的沙漠地区）、西达昆仑，最远曾到达西王母居住的地方。据《史记》中记载，西王母的地方是在"条支"。这个地方在今天的伊拉克境内，当时认为，这是"极西绝远处"。

《穆天子传》中讲到周穆王到西王母处作客的情景。他送给西王母许多精美的丝织品和白色的圭与黑色的璧，这些玉器都是古代帝王朝聘和祭祀的礼器。西王母也热情地设宴款待周穆王。席间，西王母高兴地唱道：

白云在天，    意思是：白云在高高的天空中飘荡，一
山陵自出。              座座山峰耸立在大地上。您的
道路悠远，              家乡离这儿多么遥远啊!高山

山川间之。

将子无死，

尚能复来。

与大河形成重重阻挡。假如您还很健康，还能到此与我们相会吧！

周穆王答道：

予归东土，

和治诸夏。

万民平均，

吾愿见汝。

比及三年，

将复而野。

我要回到东方的故土，努力治理我的国家。百姓都和平地生活着，我也愿意再次见到您。三年过后，我将重游这美丽的国家。

周穆王出游的队伍中有一支乐队，所到的国家都演出过盛大的歌舞。这次出游，周穆王不但把中国音乐和优秀的文化传播到西部各族人民之中，而且也吸收了西域那美妙的音乐。这种交流后来一直进行着，中国的许多民族乐器就是从西域地区传入的。例如琵琶、箜篌、扬琴、胡琴等，这对丰富中国的音乐文化起着重要的作用。

## 早期的音乐家

其实周朝是十分重视音乐教育的。贵族子弟从 13 岁到 20 岁都要受到乐德、乐语和乐舞的教育。音乐教育是礼教的重要组成部分。《礼记·乐记》中讲道："诗，言其志也；歌，咏其声也；舞，动其容也。三者本于心，然后乐器从之。"

周代注重宗庙祭祀活动，活动时要演奏。渐渐地周宗室形成一套"雅乐"体系，这套体系可能在祭孔时演奏的音乐里尚有"雅乐"的余响。

周代的音乐已达到很高的水平，并建立起较为严格的乐律体系。而进行乐律研究工作还可以再追溯 1000 年以上。据说，黄帝委任了乐官，这就是伶伦。当时，人们把一个八度音分为十二半音，这就是十二律。为了调制出标准律管，伶伦曾到西域（"大厦之西"）的昆仑山采竹子。我们估计，伶伦在制造标准律管时，也吸收了兄弟民族的定律方法。黄帝之后，人们仍在探索定律的方法。如颛顼（zhuān xū）时的飞龙，帝喾（kù）时的咸黑，尧时的质都在尝试。据说，质就在山林峡谷中模仿大自然的各种音调来谱写歌曲。

舜的时代有一位著名的音乐家，他的名字叫夔（kuí）。他原来只是一个普通的百姓，由于他精通演奏各种乐器，并且有很好的组织才能，舜就把夔提拔到"典乐"的位置。舜要他通过音乐去教育人民正直、刚强、简朴和气量宏大。因此，写出的诗要能表达思想感情，并根据咏唱的需要来选定音调，同时音律一定要配合音调的高低。在组织演奏的过程中，夔很注意各种乐器的配合，使演出的音调和谐完美。

由此可见，舜的时代，人们的精神活动已经很丰富了。特别是夔还能恰到好处地演奏《萧韶》九章，当夔组织演奏时，音乐太美了，连凤凰也来聆听和舞蹈。这首《萧韶》流传了下来。据说，孔子听到此乐时对它赞叹不已，以致于三月不知肉味。

夔的名声很大，他生前不仅受到人们的尊重，去世后，人们仍旧追念他，许多有名的音乐家都用"夔"来作自己的名字，如三国时期的杜夔、隋代的苏夔、南宋的姜夔等。这大概是后人对夔的热爱和崇拜吧！

## 乐器的发展

除了古代记载下的许多音乐家之外，我们的祖先的确是在一点一点地摸索乐器的发音规律，这可以从地下出土实物加以印证。

1987 年，河南舞阳贾湖的新石器时代遗址出土一支长约 20 厘米的骨

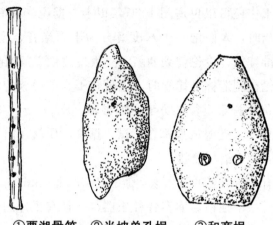

①贾湖骨笛　②半坡单孔埙　③和商埙

笛，上有七个音孔，这是中国发现的最早的乐器，距今有 8000 年的时间了。

在浙江余姚的河姆渡遗址发现了 160 件骨哨，一般长约 7 厘米，在凸弧的一面开有 2～3 个孔。部分骨哨至今仍能吹出音调，旋律很简单，它们距今已有 7000 年了。

西安半坡遗址、山西万荣县荆村、太原义中和山东潍坊姚官庄等地发现了一些陶制的埙。它们多为单音孔和双音孔，可以吹出合乎音律的不同音调。这些陶埙也都是新石器时代的遗物。

陕西长安客省庄的龙山文化遗址出土有陶钟一件，形似商代的铙和钲。后来的乐钟多为扁钟，从此陶钟可以找到其渊源。

还有像马家窑文化遗址的陶铃（出土于甘肃临洮寺洼山）和大汶口文化遗址出土的陶角（山东莒（jǔ）县陵阳河）也都是一些原始的乐器。此外，我们还可以猜想到一些乐器，如弓弦乐器，它们可能是受到狩猎时听到弓弦发声的启发而发明的，只可惜它们多为木制，难以

河姆渡的骨哨

保存下来。

关于石磬的发展，在古代一直受到重视，古书中的"击石拊石"就是关于石磬的演奏方法。据说，石磬的发明是在舜的时代，发明人叫"叔"。由于新石器时代的石器制造技术水平已经很高了，估计对石磬的制造应具备了很好的技术条件。在山西襄汾陶寺和山西闻喜均有属于龙山文化时代的石磬出土，而山西夏县东下冯遗址的石磬可能已属夏代的遗物了。

上述的乐器还只是一部分，其中陶埙在数千年的发展中不断为人们所改进。在改制这些陶埙时，人们也注意对各种和谐音的研究和发现，而且由简单到复杂地发展着。例如，半坡遗址出土的是单孔陶埙，山西诸遗址已出土有双孔陶埙，甘肃遗址已有三孔陶埙，而河南安阳小屯的武丁时期的陶埙为五孔。可见古代对音阶的认识也是不断从简单到复杂地发展着，像山西的双孔陶埙发出的音就已具备五声音阶了。因此，这一发现不会迟于 5500 年前。

由此可见，古人借助这种乐器不断地试验，不断地改进，终于建立起音阶体系。这对世界文化的发展做出了重要贡献，并且是我们自己建立起来的。同时，这也对中国音律科学，特别是与此相关的数理科学的发展做出了重要贡献。

关于华夏文明，我们有七言律诗一首为评。


评古中华文明


元谋马坝山顶洞，
相去人猿别树边。
凤绕神州光环宇，
龙腾赤县振河山。
青铜鼎盛气势壮，

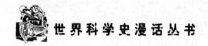

陶玉发达色彩酣。

夷夏融合五千载，

文明创世数轩辕。


　　同其他文明地区相比，中国古代创造的文明不但很早，而且持续时间长。经过数千年的发展，中华民族"广进异种"，不断融合，形成了今天包括56个民族的一个大家庭。这样的大家庭不仅保持了自己的优良传统，而且善于吸收外来的先进文化，兼收并蓄，进而形成一个博大宽厚的风范。正如我们自称"龙的传人"，而恰恰如"龙"的特点，它不是纯粹的血统。从形象上讲，龙的每个器官都仿佛是一种动物的相应器官，因此它是一条"混血"龙。这种多元的文化渊源形成了我们中华民族共同崇拜的图腾。中华民族在几千年的文明进程中所创造的灿烂文化能不令我们这些炎黄子孙骄傲吗?! 能不激励我们去创造更加美好的明天吗?!

尾　　　篇

　　从远古时期到铜器时代，人类历史绵延近 300 万年[①]。人类的大部分时间是进行采集和狩猎活动，这就是蒙昧时期。大约到 1 万年以前，随着新石器时代的到来，农业和畜牧业产生了，人类进入野蛮时期。到公元前 3000 年，人类进入了文明时期。遗憾的是，本书只能涉及一小部分。因为可能在地下尚有大量的文物未被发现，这使得我们的认识很不完整。其实，这也没有什么遗憾，正像我们每个人对童年的回忆很不完整一样，这种回忆也往往是不准确的。人类也在"回忆"着，并且也是不准确的，因此这些"回忆"往往带有"传说"或"神话"的色彩。

　　这些"神话"虽然已被地下的文物证明了不少，但不会有那么一天，使"神话"与文物完全地一一吻合起来。为此，我们仍讲了许多的神话和传说之类的故事，这样可使我们的"笔"少些限制，故事也少些枯燥。

　　就人类的历史发展来看，每一个文明时期的发展都有自己的特点，不会是完全一样的，也不可能完全同步。然而，就其一般的发展规律来看（我们局限在新石器时代，此时尚属野蛮时代的低级阶段），以下四点是值得注意的：

　　第一，母系氏族社会的生产中大量使用磨制石器。磨制石器的技术在旧石器时代晚期就已经出现了，这无疑为新石器时代的到来奠定了基础。最初的磨制只是磨刃部，后来是将整个石器都磨制得很光滑。在磨制过程中，人们要先挑选好合适的石料，根据需要打制成形，而后再磨砺光滑。经过磨制的石器，器形准确，刃部锋利，用起来效率更高，效果更好。后来又发展起钻孔技术，石器经过钻孔，可以在石器上装木柄，使用起来会更加得心应手。

　　第二，新石器时代作为文明标志的陶器是一项重要的发明。在生产陶器时，不仅对火的温度控制、陶土的性质、燃料的性质等都需要大量

────────

　　① 根据在河北阳原泥河湾盆地小长梁遗址的发掘情况，人类起源的时间可能在 400 万～500 万年前，人类起源的地点可能是亚洲，而且很可能是在中国。

经验的积累，而且在制作陶坯时，工匠还进行了各种装饰。这些装饰形成了很强的文化特点，从中反映出原始人的宗教观念，给我们留下了宝贵的遗产。此外，陶器多用于盛水、盛食物，实际上这意味着人们发现了许多食物加工的方法，增加了食品的种类，同时也使得人类定居的生活更加稳定。

第三，新石器时代生产力的第三个发展是农业的产生，第四个发展是畜牧业。农业和畜牧业的产生说明人类靠自己的活动也能生产各种人类需要的物品，人类已摆脱只能靠采集天然食物过活的境遇，这无疑是一次巨大的进步。这时期农业的中心有三个：西亚、中国和中美洲。西亚培植的粮食作物是小麦和大麦，中国主要是粟（小米）和稻（大米），中美洲是玉米。此外在中国与西亚的北部存在着一个游牧区域。

第四，到新石器时代的晚期，由于社会生产不断发展，人口不断增加，各氏族部落的不断交往和迁徙、不断分化和组合，逐渐地形成了各个民族。在书中，我们做了大致的交待。在这里以中华民族的发展为例，我们不厌其烦地再对中华民族的形成作个介绍。为了不受时空的限制，我们也稍借古代传说的某些内容，以求形式稍微活泼些。

中华诸民族中，汉族的人口最多，历史也最长。在传说的时代，我们的先民血统已很不一致，并且有一个较长的时间内的相互融合，最后形成中华民族的远祖三大集团。

首先是华夏集团。它主要分成两支：一支是生活在渭河流域到黄河中游地区的古羌人，其首领是炎帝；一支是生活在北方的戎人和狄人，其首领是黄帝。著名的"头触不周山"的共工也是这个集团的。夏、商、周的始祖都与黄帝有关系。具体地讲，夏人的始祖是大禹，而大禹是黄帝的玄孙；商人的始祖契，相传简狄吞食玄鸟卵而生契，而简狄是黄帝兽孙帝喾（kù）的次妃；周人的始祖后稷，相传姜嫄（yuán）踏天帝足印感怀而生，而姜嫄为帝喾的元妃。所以，黄帝就成为中华民族共同奠祭的祖先。

其次是东夷集团。东夷集团的活动区域大致在今天山东、河南东南和安徽中部一带，相当于黄河下游和江淮流域一带的古夷人，共有九部，因此称"九夷"，其首领为太昊和少昊，像蚩尤和后羿都是属于该集团的。

最后是苗蛮集团，苗蛮集团的活动区域大致在两湖和江西一带，即江汉一带的古苗人，他们常被称做"三苗"。还有更南边的"南蛮"人，活动在五岭山脉的地区，他们的首领是伏羲和女娲。还有三苗、祝融氏均属于这个集团。

每个集团都创造出各具特色的文化。例如华夏集团之仰韶文化和河南龙山文化，东夷集团的大汶口文化、山东龙山文化和青莲岗文化等，苗蛮集团的大溪文化、屈家岭文化、河姆渡文化和良渚文化等。

三大集团在发展过程中既有合作和相互融合的局面，又有冲突和同室操戈的情况。最终的结果是华夏一统，华夏集团成为中华民族的主流，逐渐形成了庞大的汉族。而中华民族的象征就是"龙"，这在南北相距数千千米的范围相继发现了不少的"龙"。随着中华民族不断的相互融合，龙的形象也在不断吸取其他氏族图腾的形象，并补充到龙的外形特征中。这种虚拟的形象在古代的一本字典——《尔雅》中是这样解释的，它"角似鹿、头似驼、眼似龟、项似蛇、腹似蜃、鳞似鱼、爪似鹰、掌似虎、耳似牛"。你看，龙虽虚拟，但它的所有单元基本上是真实的。这样，龙就成了我们中华民族的保护神。它遨游四极，俯瞰八方，使我们中华民族腾飞于世界民族之林。但是，不要忘记，这是一条混血的龙，它的身上不仅外形是综合的，它的血脉中流着羌人、夷人、戎人、狄人、苗人和蛮人的血。

比起世界其他文明地区的民族，为什么我们中华民族得以不断发展而未泯灭呢？除了我们中华民族特有的气质之外，我们还要看到，在太平洋西岸、亚洲东部这块特殊的地域环境为我们中华民族提供的条件。就尼罗河流域、两河流域和印度河流域来看，他们都是（干燥的）热带

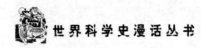

气候，而希腊和罗马处在山海之间，缺乏阔大的气象，其气候只有地中海气候一种类型。

相比之下，中国的地域极为不同，它的地势是西高东低，盆地和平原占1/3，余者为丘陵、山地和高原。气候繁复，这主要是温带的气候。一般来说，温带的生产与生活条件较寒带和热带为优。德国著名的哲学家黑格尔认为，（北）温带是"历史的真正舞台"。伟大的无产阶级革命家马克思也有类似的观点，他认为："资本的祖国不是草木繁盛的热带，而是温带。不是土壤的绝对肥力，而是它的差异性和它的自然产品的多样性，形成社会分工的自然基础，并且通过人所处的自然环境的变化，促使他们自己的需要、能力、劳动资料和劳动方式趋于多样化。"中华大地的地域和气候的确为中华民族提供了一个辽阔的大舞台，并且促成了中国文化在不断发展和变化中所体现出的多样性。

写下这些文字，旨在提醒读者在阅读此书时应当注意的东西，或者在读完此书而回味时给予稍许的提示。